Paris
1913

Autonne, Léon.

Analyse mathématique sur les matrices hypohermitiennes et les unitaires

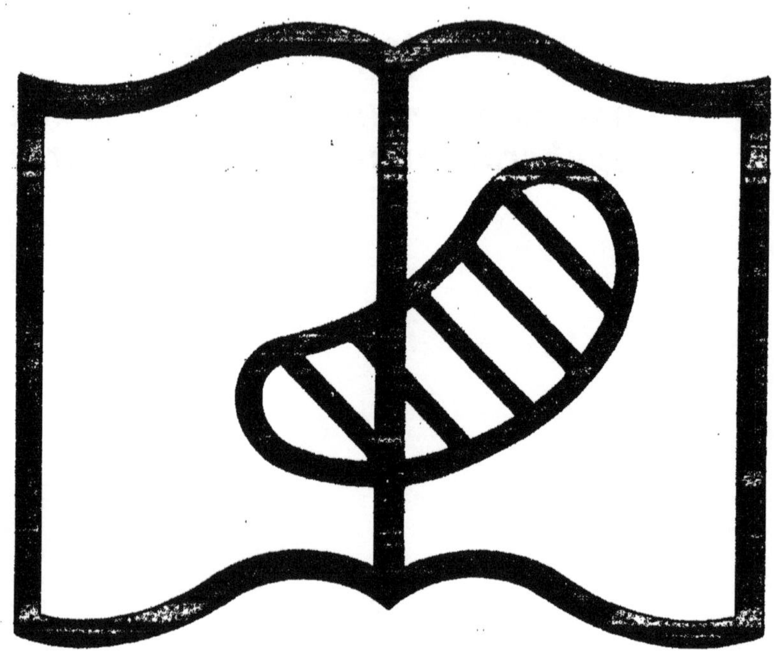

Symbole applicable
pour tout, ou partie
des documents microfilmés

Original illisible

NF Z 43-120-10

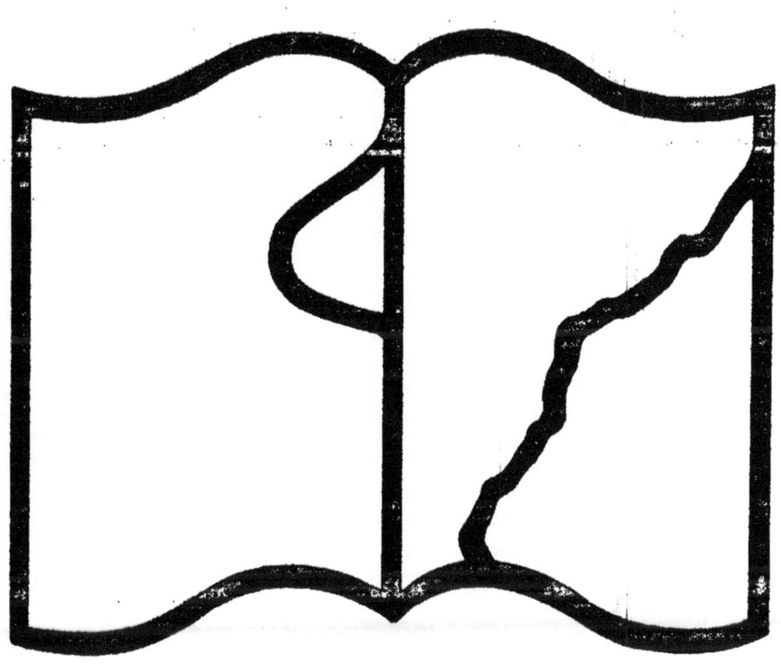

Symbole applicable
pour tout, ou partie
des documents microfilmés

Texte détérioré — reliure défectueuse

NF Z 43-120-11

8° Z
13523
I, 38

ANNALES DE L'UNIVERSITÉ DE LYON
NOUVELLE SÉRIE
I. Sciences, Médecine. — Fascicule 38.

SUR LES

MATRICES HYPOHERMITIENNES

ET SUR LES

MATRICES UNITAIRES

PAR

Léon AUTONNE
Ingénieur en chef des Ponts et Chaussées.
Professeur Adjoint honoraire
à la Faculté des Sciences de l'Université de Lyon.

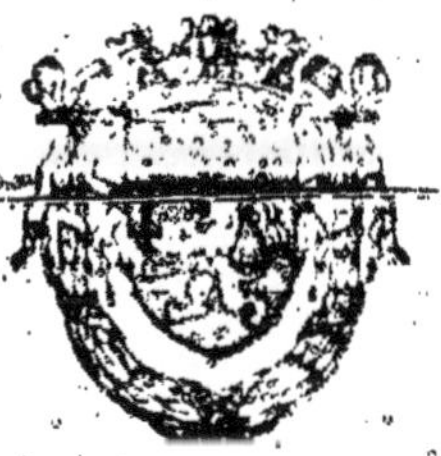

LYON
A. REY, IMPRIMEUR-ÉDITEUR
4, Rue Gentil

PARIS
LIBRAIRIE GAUTHIER-VILLARS
Quai des Grands-Augustins, 55

1915

ANNALES DE L'UNIVERSITÉ DE LYON

EN VENTE

A LYON — **Chez A. REY, Imprimeur-Éditeur**, 4, rue Gentil.

A PARIS — **Chez les Libraires spéciaux suivants**

La mention en chiffres romains qui précède le numéro du fascicule indique, pour les ouvrages parus dans la nouvelle série, qu'ils appartiennent soit au groupe *Sciences-Médecine* (I), soit au groupe *Droit-Lettres* (II).

Arthur ROUSSEAU, 14, rue Soufflot.

Histoire de la Compensation en droit Romain, par C. Appleton (*Fasc. 21*) . . . . . 7 fr. 50

Caractères généraux de la loi de 1884 sur les Syndicats professionnels; justification de cette loi; réformes possibles. Etude de législation industrielle, par R. Gonnard (*Fasc. 30*). . . . 3 fr.

La Représentation des Intérêts dans les Corps élus, par Charles François (II, *Fasc. 2*). 8 fr.

Mélanges Ch. Appleton : *Etudes d'histoire du droit*, dédiées à M. Ch. Appleton, professeur à la Faculté de Droit de Lyon, à l'occasion de son XXVe anniversaire de professorat (II, *Fasc. 13*) . 15 fr.

Physique sociale. — Emploi combiné du système du Quotient *oral* et du système du Quotient *fictif* pour la répartition des sièges dans la Représentation proportionnelle, par le Dr Monoyer (II, *Fasc. 18*) . . . . 3 fr.

Félix ALCAN, 108, boulevard Saint-Germain.

Lettres intimes de J.-M. Alberoni adressées au comte J. Rocca, ministre des finances du duc de Parme, et publiées d'après le manuscrit du collège de S. Lazaro Alberoni, par Emile Bourgeois (*Fasc. 8*) . . . . 10 fr.

Essai critique sur l'hypothèse des atomes dans la science contemporaine, par Arthur Hannequin (*Fasc. 14*) . . . . 7 fr. 50

Saint Ambroise et la morale chrétienne au IVe siècle, par Raymond Thamin (*Fasc. 15*). . 7 fr. 50

La République des Provinces-Unies, la France et les Pays-Bas espagnols de 1630 à 1650, par A. Waddington, 2 vol. (*Fasc. 18 et 31*). . 12 fr.

Le Vivarais. Essai de Géographie régionale, par Louis Bourdin (*Fasc. 37*) . . . . 6 fr.

Alphonse PICARD et Fils, 82, rue Bonaparte.

La doctrine de Malherbe d'après son commentaire sur Desportes, par Ferdinand Brunot (*Fasc. 1er*) 10 fr.

Le Fondateur de Lyon. Histoire de L. Munatius Plancus, par M. Jullien (*Fasc. 9*) . . . . . . 5 fr.

La Jeunesse de William Wordsworth (1770-1798). Etude sur le « Prélude », par Emile Legouis (*Fasc. 22*) . . . . 7 fr. 50

La Question des Dix Villes impériales d'Alsace depuis la paix de Westphalie jusqu'aux arrêts de « Réunions » du Conseil souverain de Brisach (1648-1680), par Georges Bardot (II, *Fasc. 1er*). . . . . 7 fr. 50

Ezéchiel Spanheim. — **Relation de la Cour de France en 1690**, *nouvelle édition*, établie sur les manuscrits originaux de Berlin, accompagnée d'un commentaire critique, de fac-similés, et suivie de la *Relation de la Cour d'Angleterre en 1704*, par le même auteur, publié avec un index analytique par Emile Bourgeois (II, *Fasc. 5*) . . 10 fr.

Histoire de l'Enseignement secondaire dans le Rhône de 1789 à 1800, par C. Chabot et S. Charléty (II, *Fasc. 7*). . . . . 6 fr.

Bibliographie critique de l'Histoire de Lyon, depuis les origines jusqu'à 1789, par Sebastien Charléty (II, *Fasc. 9*) . . . . 7 fr. 50

Bibliographie critique de l'histoire de Lyon, depuis 1789 jusqu'à nos jours, par Sebastien Charléty (II, *Fasc. 11*). . . . . 7 fr. 50

Pythagoras de Rhégion, par Henri Lechat (II, *Fasc. 14*). . . . . 4 fr.

Les Philosophes et la Société Française au XVIIIe siècle, par M. Roustan (II, *Fasc. 16*) . . 6 fr.

Documenti per la Storia dei rivolgimenti politici del Comune di Siena, dal 1354 al 1369, pubblicati con introduzione ed indici da Giuliano Luchaire (II, *Fasc. 17*). . . . . 7 fr. 50

Bibliographie de la Syntaxe du français, 1840-1905, par P. Horluc et G. Marinet (II, *Fasc. 20*). 6 fr.

Etude sur les Relations de la Commune de Lyon avec Charles VII et Louis XI (1417-1483), par L. Caillet (II, *Fasc. 21*). . . . . 10 fr.

Le mouvement antijacobin et antiparisien à Lyon et dans le Rhône-et-Loire en 1793 (29 mai-15 août), par C. Riffaterre, (II, *Fasc. 24*). 2 vol. 10 fr.

L'Asie centrale aux XVIe et XVIIIe siècles; Empire Kalmouk ou Empire Mantchou ? par Maurice Courant (II, *Fasc. 26*). . . . . 6 fr.

Contribution à l'étude de deux réformes judiciaires au XVIIIe siècle : Le Conseil supérieur et le grand Bailliage de Lyon (1771-1774, 1788), par Paul Metzger (II, *Fasc. 27*) . . . . 6 fr.

A. FONTEMOING, 4, rue Le Goff.

Onomasticon Taciteum, par Ph. Fabia (II, *Fasc. 4*). . . . . 15 fr.

L'« Agamemnon » d'Eschyle, texte, traduction et commentaires, par Paul Regnaud (II, *Fasc. 6*). 6 fr.

Notes critiques sur quelques Traductions allemandes de poèmes français au moyen âge, par J. Firmery (II, *Fasc. 8*) . . . . 5 fr.

SUR LES

MATRICES HYPOHERMITIENNES

ET SUR LES

MATRICES UNITAIRES

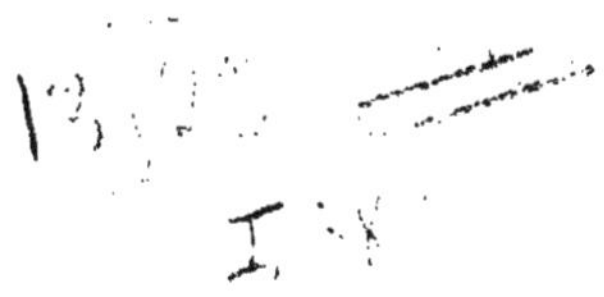

Lyon. — A. REY, Imprimeur de l'Université, 4, rue Gentil. — 68239

Exemplaire N° 405

ANNALES DE L'UNIVERSITÉ DE LYON
NOUVELLE SÉRIE
I. *Sciences, Médecine.* — Fascicule 38.

SUR LES MATRICES HYPOHERMITIENNES ET SUR LES MATRICES UNITAIRES

PAR

Léon AUTONNE
Ingénieur en chef des Ponts et Chaussées,
Professeur Adjoint honoraire
à la Faculté des Sciences de l'Université de Lyon.

LYON
A. REY, IMPRIMEUR-ÉDITEUR
4, Rue Gentil

PARIS
LIBRAIRIE GAUTHIER-VILLARS
Quai des Grands-Augustins, 55

1915

SUR LES

MATRICES HYPOHERMITIENNES

ET SUR LES

MATRICES UNITAIRES.

INTRODUCTION.

Les matrices hypohermitiennes et les matrices unitaires ont été étudiées par moi dans deux Mémoires déjà anciens, savoir : *Sur l'Hermitien* (*Rendiconti du Cercle mathématique de Palerme*, 1902); *Sur l'Hypohermitien* (*Bulletin de la Société mathématique*, 1903).

J'y renverrai par des notations telles que celles-ci, par exemple :

(H, 7°), pour désigner le 7° du Mémoire sur l'Hermitien ;
(HH, 7°), pour désigner le 7° du Mémoire sur l'Hypohermitien.

Voici les principaux résultats obtenus.

Soient :

$\bar{a}$ la quantité conjuguée de l'imaginaire a;
$A = (a_{jk})(j, k = 1, 2, \ldots, n)$ une matrice n-aire;
$A' = (a_{kj})$ la transposée de A ;
$\bar{A} = (\bar{a}_{jk})$ la conjuguée de A.

Prenons une matrice A telle que $\bar{A}' = A$, c'est-à-dire

$$a_{jk} = \bar{a}_{kj}.$$

Alors la quantité

$$\xi = \sum_{jk} a_{jk} x_j \bar{x}_k$$

est toujours réelle. Si, de plus, ξ ne devient négatif pour aucun choix des x, A est une *hypohermitienne*. Une hypohermitienne A invertible, $|A| \neq 0$, est une *hermitienne*. Pour une hermitienne, l'expression ξ ne s'évanouit qu'avec tous les x.

Si une matrice n-aire A est telle que $A\bar{A}' = e_n = n$-aire unité, A est *unitaire*. Les unitaires forment un groupe, le *groupe unitaire*.

Toute hypohermitienne, et toute unitaire, est canonisable et admet au moins une canonisante unitaire. Les racines caractéristiques (de l'équation caractéristique) :

1° Pour une hypohermitienne, sont réelles et non négatives;

2° Pour une unitaire, ont l'unité pour module.

La continuation des recherches ci-dessus rappelées m'a conduit à diverses propositions, qu'on ne trouvera peut-être pas dénuées d'intérêt.

Mon but principal est de représenter certaines catégories de matrices par des produits d'unitaires et d'hypohermitiennes.

Toute hypohermitienne n-aire, canonique, de rang r, peut s'écrire

$$F = \begin{pmatrix} f & 0 \\ 0 & 0 \end{pmatrix}\begin{matrix} r \\ n-r \end{matrix}$$
$$\qquad r \quad n-r$$

où f est une hermitienne r-aire canonique

$$f = | x_\alpha \quad f_\alpha x_\alpha | \qquad (\alpha = 1, 2, \ldots, r).$$

$f_\alpha =$ réel et positif.

Désignons par T une unitaire quelconque échangeable

à F, TF = FT, et par D l'unitaire quelconque du type

$$D = \begin{pmatrix} e_r & 0 \\ 0 & d \end{pmatrix}$$

[e_r = r-aire unité; d = unitaire $(n-r)$-aire quelconque].

On a

$$F = FD = DF.$$

Si F est invertible,

$$r = n, \qquad F = f, \qquad D = e_n.$$

Théorème I. — *Soit* A *une matrice n-*aire *donnée quelconque. Elle peut toujours se mettre sous la forme*

$$A = LFM,$$

où F *est une hypohermitienne canonique définie sans ambiguïté, tandis que les deux unitaires* associées L *et* M *forment un* couple. *Si* (L, M) *est un pareil couple afférent à* A, *tous les autres couples afférents à* A *sont fournis par la formule*

$$(LT, T^{-1}DM).$$

Théorème II. — *Si l'on s'astreint à rester dans le réel, tous les résultats précédents subsistent, sauf que* A *est réelle et les unitaires* L, M, T, D *sont réelles, c'est-à-dire orthogonales.*

On sait qu'une matrice B est *orthogonale* si $BB' = e_n$. Les orthogonales forment un groupe, le *groupe orthogonal*.

La formule

$$A = LFM \tag{1}$$

paraît assez féconde en applications, dont je développe quelques-unes.

On obtient d'abord une expression générale et explicite pour les orthogonales complexes A, $AA' = e_n$.

Introduisons l'orthogonale complexe $\Omega = \Phi + i\Psi$, où les

n-aires réelles Φ et Ψ sont

$$\Phi = \begin{pmatrix} \Theta & 0 & 0 \\ 0 & \Theta & 0 \\ 0 & 0 & e_{n_0} \end{pmatrix} \begin{matrix} \nu \\ \nu \\ n_0 \end{matrix}, \qquad \Psi = \begin{pmatrix} 0 & -H & 0 \\ H & 0 & 0 \\ 0 & 0 & 0 \end{pmatrix} \begin{matrix} \nu \\ \nu \\ n_0 \end{matrix};$$
$$\begin{matrix} \nu & \nu & n_0 \end{matrix} \qquad\qquad \begin{matrix} \nu & \nu & n_0 \end{matrix}$$

$n = n_0 + 2\nu$; Θ, H = hermitiennes ν-aires, canoniques, liées par la relation $\Theta^2 - H^2 = e_\nu$. Désignons par T une orthogonale réelle quelconque, échangeable à Ω (c'est-à-dire à Φ et Ψ) et par U et V deux orthogonales réelles.

Théorème III. — *Toute orthogonale complexe donnée* A *peut se mettre sous la forme* A = UΩV. Ω *est définie sans ambiguïté. Si les deux orthogonales réelles* associées U *et* V *forment un* couple (U, V) *afférent à* A, *tous les autres couples sont fournis par la formule* (UT, T^{-1}V).

Dans les recherches de dynamique et de physique mathématique qui se rattachent au *principe de relativité* (Einstein, Lorentz, Minkowski, H. Poincaré, etc.), on nomme *formation lorentzienne* toute substitution linéaire et homogène, réelle et quaternaire, qui, effectuée sur les quatre variables x, y, z, u, admet pour invariant absolu l'expression $x^2 + y^2 + z^2 - u^2$.

Sur cette matière on consultera par exemple : Laue, *Das Relativitätsprinzip* (Vieweg et fils, Brunswick, 1911); Brill, *Das Relativitätsprinzip. Eine Einführung in die Theorie* (Teubner, 1912).

Généralisant notablement la définition précédente, je nomme *lorentzienne* toute substitution linéaire et homogène, réelle et n-aire, qui, effectuée sur les n variables x_j ($j, k = 1, 2, \dots, n$), admet pour invariant absolu l'expression

$$X = \sum_{jk} a_{jk} x_j x_k,$$

où la matrice (a_{jk}) est réelle et invertible. Les lorentziennes forment évidemment un groupe.

On sait, d'après l'article Meyer-Drach de l'*Encyclopédie des Sciences mathématiques* (t. I, vol. II, fasc. 3, p. 386 et suivantes), que, sans restreindre la généralité, on peut faire $(\upsilon + \varpi = n)$

$$X = x_1^2 + \ldots + x_\upsilon^2 - x_{\upsilon+1}^2 - \ldots - x_n^2.$$

La construction effective de toutes les lorentziennes s'obtient par la méthode suivante, fondée sur la formule (1) et le théorème III :

On trouve d'abord des lorentziennes *banales*, à existence évidente

$$\begin{pmatrix} p & 0 \\ 0 & q \end{pmatrix}\begin{matrix} \upsilon \\ \varpi \end{matrix}$$
$$\begin{matrix} \upsilon & \varpi \end{matrix}$$

(p, q = orthogonales réelles, respectivement υ-aire et ϖ-aire).

Introduisons maintenant la lorentzienne

$$F = \begin{pmatrix} e_{\upsilon-\nu} & 0 & 0 & 0 \\ 0 & \Theta & H & 0 \\ 0 & H & \Theta & 0 \\ 0 & 0 & 0 & e_{\varpi-\nu} \end{pmatrix}\begin{matrix} \upsilon-\nu \\ \nu \\ \nu \\ \varpi-\nu \end{matrix}$$
$$\begin{matrix} \upsilon-\nu & \nu & \nu & \varpi-\nu \end{matrix}$$

où Θ et H sont deux hermitiennes canoniques ν-aires, liées par la relation $\Theta^2 - H^2 = e_\nu$.

Désignons par T une banale quelconque échangeable à F.

THÉORÈME IV. — *Toute lorentzienne donnée* A *peut se mettre sous la forme* $A = LFM$, *où les banales* ASSOCIÉES L *et* M *forment un* COUPLE. F *est définie sans ambiguïté. Si* (L, M) *est un couple afférent à* A, *tous les autres couples sont fournis par la formule* $(LT, T^{-1}M)$.

Dans le cas des lorentziennes ordinaires, on a

$$n = 4, \qquad \nu = 2, \qquad \varpi = \nu = 1,$$

$$F = \begin{pmatrix} 1 & 0 & 0 & 0 \\ 0 & 1 & 0 & 0 \\ 0 & 0 & \theta & \eta \\ 0 & 0 & \eta & \theta \end{pmatrix}$$

(θ, η = réels et positifs avec $\theta^2 - \eta^2 = 1$).

Posons $\theta = k$, $\eta = kq$, $k = +(1 - q^2)^{-\frac{1}{2}}$. On retombe précisément sur la formule (16a), page 9 de Brill.

Le théorème III indique quelle forme simple prend une orthogonale, après multiplication devant et derrière, par des orthogonales réelles convenables. Ce procédé, fondé sur l'emploi de la formule (1), réussit aussi pour les unitaires.

Introduisons une unitaire canonique

$$F = | x_j \quad x_j e^{i\alpha_j} | \qquad (\alpha_j = \text{arc réel}),$$

où l'on a supposé que :

$\cos\alpha_j$ est positif, si $\cos\alpha_j \neq 0$;
$\sin\alpha_j = 1$, si $\cos\alpha_j = 0$.

Désignons par T une orthogonale réelle quelconque échangeable à F.

Théorème V. — *Toute unitaire donnée* A *peut se mettre sous la forme* A = UFV, *où les deux orthogonales réelles* associées U *et* V *forment un* couple (U, V). F *est définie sans ambiguïté. Si* (U, V) *est un couple afférent à* A, *tous les autres couples sont fournis par la formule* ($UT, T^{-1}V$).

La formule (1) et les théorèmes I et II mènent à quelques autres propositions, où, pour simplifier, on supposera la matrice A invertible.

Théorème VI. — *Pour que* A *soit réelle, il faut et il suffit qu'elle admette un couple de matrices associées réelles.*

Théorème VII. — *Pour que A soit symétrique, il faut et il suffit qu'elle admette un couple symétrique* (L, L') *de deux unitaires associées.*

Théorème VIII. — *Pour que A soit à la fois réelle et symétrique, il faut et il suffit que A possède :* 1° *une forme canonique réelle,* 2° *une canonisante réelle et orthogonale.*

Cette dernière proposition n'est pas nouvelle, mais le procédé de démonstration fondé sur l'emploi de la formule (1) conduit à diverses applications. Par exemple on construit toutes les matrices A telles que $A\bar{A} = e_n$.

Théorème IX. — *Pour qu'une matrice A, inversible ou non, soit échangeable à* $\bar{A}'$, *il faut et il suffit que A possède une canonisante unitaire.*

On examine ce que cette proposition devient dans le cas réel. On construit les matrices A, orthogonales ou lorentziennes, échangeables à $\bar{A}'$.

M. Frobenius a démontré que *si deux orthogonales* A *et* B *sont semblables, il existe une troisième orthogonale* C, *telle que* $B = C^{-1}AC$.

Généralisant ce résultat, j'établis une proposition analogue.

Théorème X. — *Soient deux matrices* A *et* B (*toutes deux unitaires ou toutes deux hypohermitiennes*) *semblables. Il existe toujours une unitaire* C, *telle que* $B = C^{-1}AC$.

Un résumé des présentes recherches a été inséré aux *Comptes rendus* (17 mars 1913).

DÉFINITIONS ET NOTATIONS.

1° La notation $(j = 1, 2, \ldots, n; k = 1, 2, \ldots, m)$

$$A = (a_{jk}) = \begin{pmatrix} a_{11} & \ldots & a_{1m} \\ \ldots & \ldots & \ldots \\ \ldots & a_{jk} & \ldots \\ \ldots & \ldots & \ldots \\ a_{n1} & \ldots & a_{nm} \end{pmatrix}$$

désignera un *Tableau* (n, m)*-aire*, c'est-à-dire à n lignes et m colonnes, dont les mn quantités a_{jk} sont les *éléments*.

Si $m = n$, on a un *Tableau carré* ou *matrice n-aire*.

La notation $\mathrm{Rg}.A$ indiquera le rang du Tableau A.

2° Un Tableau (n, m)-aire A sera souvent décomposé en Tableaux partiels, obtenus en répartissant en un certain nombre de groupes les n lignes et les m colonnes.

On écrira

$$A = \begin{pmatrix} A_{11} & A_{12} & \ldots & A_{1M} \\ A_{21} & \ldots & \ldots & \ldots \\ \ldots & \ldots & \ldots & \ldots \\ \ldots & \ldots & A_{\nu\mu} & \ldots \\ \ldots & \ldots & \ldots & \ldots \\ A_{N1} & \ldots & \ldots & A_{NM} \end{pmatrix} \begin{matrix} n_1 \\ n_2 \\ \ldots \\ n_\nu \\ \ldots \\ n_N \end{matrix}$$

$$m_1 \ldots m_\mu \ldots m_M.$$

$$n = \sum_{\nu=1}^{\nu=N} n_\nu, \qquad m = \sum_{\mu=1}^{\mu=M} m_\mu.$$

$$A_{\nu\mu} = \text{tableau } (n_\nu, m_\mu)\text{-aire.}$$

3° Les MN Tableaux $A_{\nu\mu}$ considérés chacun comme un élément ou lettre unique forment un Tableau

$$\mathfrak{A} = \{ A_{\nu\mu} \},$$

(N, M)-aire qui est le *canevas* du Tableau A.

4° Soient :

$$A = (a_{ij}) = \text{tableau } (m, n)\text{-aire},$$
$$B = (b_{jk}) = \text{tableau } (n, p)\text{-aire}$$
$$(i = 1, 2, \ldots, m;\ j = 1, 2, \ldots, n;\ k = 1, 2, \ldots, p).$$

Le Tableau (m, p)-aire $C = (c_{ik})$, où $c_{ik} = \sum_j a_{ij} b_{jk}$ sera, par définition, le *produit* $C = AB$ du Tableau A par le Tableau B.

5° Soient

$$\mathfrak{A} = \{A_{\mu\nu}\},\qquad \mathfrak{B} = \{B_{\nu\varpi}\}$$
$$(\mu = 1, 2, \ldots, M;\ \nu = 1, 2, \ldots, N;\ \varpi = 1, 2, \ldots, P)$$

les canevas des Tableaux A et B. On supposera d'ailleurs les colonnes de A réparties en groupes à $n_1, \ldots, n_\nu, \ldots, n_N$ colonnes *de la même façon* que les lignes de B sont réparties en groupes à $n_1, \ldots, n_\nu, \ldots, n_N$ lignes.

Alors C aura un canevas $\mathfrak{C} = \{C_{\mu\varpi}\}$, où

$$C_{\mu\varpi} = \sum_\nu A_{\mu\nu} B_{\nu\varpi}.$$

Autrement dit *le canevas d'un produit est le produit des canevas*. Pour la démonstration je renvoie, par exemple, au travail de M. Kreis, *Contribution à la théorie des systèmes linéaires* (Thèse de Zurich, 1906).

6° En ce qui concerne la multiplication, la théorie des Tableaux se confond avec celle des matrices, car tout Tableau devient une matrice, quand on lui adjoint un nombre convenable de lignes ou de colonnes, composées d'éléments nuls.

7° A côté de la matrice A se placent, si

$$A = (a_{ij}) \qquad (i, j = 1, 2, \ldots, n),$$

la *forme bilinéaire*

$$A(x, y) = A(x; y) = \sum_{ij} a_{ij} x_i y_j;$$

la *substitution linéaire*

$$A = \left| z_i \quad \sum_j a_{ij} z_j \right| = | z_i \quad A[z_i] | = | z \quad A[z] |,$$

ce qui définit la signification des symboles $[A z_i]$ et $A[z]$.

On vérifie de suite que $A(B[x]; C[y]) = B'AC(x; y)$, où B' est la transposée de B.

De même

$$A[B[z]] = AB[z].$$

8° La matrice $A = (a_{ij})$ est *canonique* si $a_{ij} = 0$ pour $i \neq j$. Si $a_{ii} = 1$, on a la *matrice n-aire unité*, qu'on écrira e_n. A est *invertible* si son déterminant $|A| \neq 0$. Soit une canonique A_0 et une invertible R. Si l'on a $A = R^{-1}A_0R$, on dit que A est *canonisable* et admet une *canonisante* R.

9° Soit $P = \lambda A + \mu B$ (λ, μ = paramètre variable; A, B = matrice n-aire), un *faisceau* de matrices. Je suppose connue du lecteur la théorie des *Elementarteiler* de Weierstrass. *Elementarteiler* est traduit par *successif*, sous-entendant facteur ou diviseur.

Les *successifs d'une matrice isolée A sont ceux du faisceau caractéristique* $\rho e_n - A$. *L'équation caractéristique est*

$$|\rho e_n - A| = \varphi(\rho) = 0.$$

Les *racines caractéristiques de A sont celles du polynome* $\varphi(e)$.

10° Supposons que, dans une n-aire A, on puisse établir un canevas $\mathfrak{A} = |A_{\nu\mu}|$, où $A_{\nu\mu}$ = Tableau (n_ν, n_μ)-aire, $n = \sum_\nu n_\nu$ ($\mu, \nu = 1, 2, \ldots, N$), avec $A_{\nu\mu} = 0$ pour $\mu \neq \nu$. Autrement dit

$$\mathfrak{A} = \begin{pmatrix} A_{11} & 0 & \ldots \\ 0 & A_{22} & \ldots \\ \ldots & \ldots & \ldots \end{pmatrix}, \qquad A_{\nu\nu} = a_\nu.$$

On écrira

$$A = A_{11} \dotplus A_{22} \dotplus \ldots \dotplus A_{\nu\nu} \dotplus \ldots \dotplus A_{NN} = a_1 \dotplus \ldots \dotplus a_N = \dot{\sum_\nu} a_\nu.$$

Cette notation est d'un usage continuel dans la suite.

Par exemple, pour la canonique $A = (A_{ij})$, $a_{ij} = 0$ pour $i \neq j$, $a_{ii} = a_i$, on écrira

$$A = \dot{\sum_i} e_1 a_i \qquad (i = 1, 2, \ldots, n),$$

e_1 étant la *unaire-unité*.

11° Soient :

$\bar{a}$ la conjuguée de l'imaginaire a;
A la matrice n-aire $a_{ij} (i, j = 1, 2, \ldots, n)$;
$A' = (a_{ji})$ sa transposée;
$\bar{A} = (\bar{a}_{ij})$ sa conjuguée.

Établissons dans A, $(\upsilon + \varpi = n)$, le canevas

$$A = \begin{pmatrix} A_{11} & A_{12} \\ A_{21} & A_{22} \end{pmatrix}\begin{matrix}\upsilon \\ \varpi\end{matrix}; \qquad A' = \begin{pmatrix} A'_{11} & A'_{21} \\ A'_{12} & A'_{22} \end{pmatrix}; \qquad \bar{A}' = \begin{pmatrix} \bar{A}'_{11} & \bar{A}'_{21} \\ \bar{A}'_{12} & \bar{A}'_{22} \end{pmatrix}.$$
$$\upsilon \quad \varpi$$

On aura (5°)

$$\begin{pmatrix} A_{11}A'_{11} + A_{12}A'_{12} & A_{11}A'_{21} + A_{12}A'_{22} \\ A_{21}A'_{11} + A_{22}A'_{12} & A_{21}A'_{21} + A_{22}A'_{22} \end{pmatrix}\begin{matrix}\upsilon \\ \varpi\end{matrix} = AA',$$
$$\upsilon \qquad \varpi$$

$$A\bar{A}' = \begin{pmatrix} \bar{A}_{11}A'_{11} + A_{12}\bar{A}'_{12} & \ldots \\ \ldots\ldots\ldots\ldots\ldots & \ldots \end{pmatrix}.$$

Ces formules sont d'un emploi continuel dans la suite.

12° Soit une matrice n-aire

$$A = \dot{\sum_\nu} a_\nu, \qquad a_\nu = n_\nu\text{-aire}, \qquad \sum_\nu n_\nu = n,$$

où la *composante* a_ν est ou bien ge_ν, $g^2=1$, ou bien la binaire

$$a_\nu = \begin{pmatrix} \cos\varphi_\nu & -\sin\varphi_\nu \\ \sin\varphi_\nu & \cos\varphi_\nu \end{pmatrix};$$

alors [*voir* mon Mémoire *Sur la décomposition d'une substitution linéaire, réelle et orthogonale, en un produit d'inversions* (*Annales de l'Université de Lyon*, 1903)], A est *semicanonique*. Si B est une matrice, ainsi que R, cette dernière étant invertible, et si l'on a $B=R^{-1}AR$, A = semicanonique, on dira que B est *semicanonisable* et admet la *semicanonisante* R.

On sait que toute canonisable ou semicanonisable n'a que des successifs (9°) linéaires, c'est-à-dire de premier degré.

GÉNÉRALITÉS SUR LES HYPOHERMITIENNES ET LES UNITAIRES.

1° Rappelons, d'après nos recherches antérieures, les principales propriétés des matrices hypohermitiennes et des matrices unitaires.

2° Soient :

$\bar{a}$ la conjuguée de l'imaginaire a;
$A=(a_{jk})(j, k=1, 2, \ldots, n)$ une matrice n-aire;
$A'=(a_{kj})$ la transposée de A;
$\bar{A}=(\bar{a}_{jk})$ la conjuguée de A.

Si B est une autre n-aire, on a

$$(AB)'=B'A', \qquad (\overline{AB})=\bar{A}\bar{B}, \qquad (\overline{AB})'=\bar{B}'\bar{A}'.$$

Si $A\bar{A}'=e_n$, la matrice A est *unitaire*. Si $AA'=e_n$, A est orthogonale. Les unitaires (orthogonales) forment un *groupe* unitaire (orthogonal).

Des trois propriétés (réalité, unitarité, orthogonalité)

qu'une matrice A possède éventuellement, deux quelconques entraînent la troisième.

En effet, si :

$e_n = AA' = A\bar{A}'$, il vient $A = \bar{A}$;
$e_n = AA'$, $A = \bar{A}$, il vient $A\bar{A}' = e_n$;
$e_n = A\bar{A}'$, $A = \bar{A}$, il vient $AA' = e_n$.

3° Prenons une matrice A telle que $\bar{A}' = A$, $a_{kj} = \bar{a}_{jk}$, et considérons l'expression

$$X = \sum_{jk} a_{jk} x_j \bar{x}_k = A(x, \bar{x}).$$

On a

$$\bar{X} = \overline{\left(\sum_{jk} a_{jk} x_j \bar{x}_k\right)} = \sum_{jk} \bar{a}_{jk} \bar{x}_j x_k = \sum_{jk} a_{kj} x_k \bar{x}_j = X.$$

X est réelle pour tout choix des variables x. Si, de plus, pour aucun choix des x, X n'est négative, on dit que A est *hypohermitienne*. Une hypohermitienne invertible devient *hermitienne*.

Soient : A une hypohermitienne; B une matrice quelconque. $A(\bar{y}; y)$ est réelle et non négative pour tout choix des variables y, en particulier, si l'on pose $y = B[x]$ pour tout choix des variables x. Or

$$A(\bar{y}, y) = A(\bar{B}[\bar{x}], B[x]) = \bar{B}' AB(\bar{x}, x).$$

Comme

$$\overline{(\bar{B}' AB)}' = \bar{B}' \bar{A}' B = \bar{B}' AB.$$

on voit que *si* A *est hypohermitienne*, $\bar{B}'AB$ *est aussi hypohermitienne*.

La matrice $E = e_n$ est hermitienne, donc *la matrice* $\bar{A}'A$ *est hypohermitienne quelle que soit la matrice* A.

4° Voici ce que deviennent les résultats précédents, lorsqu'on s'astreint à rester dans le réel.

Pour qu'une matrice réelle $A = (a_{jk})$ soit hypohermitienne, il faut et il suffit que : 1° A soit symétrique, $A' = A$; 2° l'expression

$$X = \sum_{jk} a_{jk} x_j x_k = \text{forme quadratique}$$

n'est négative pour aucun choix des variables réelles x.

Soit A une hypohermitienne réelle; quelle que soit la matrice réelle C, la matrice $C'AC$ est hypohermitienne. La matrice $C'C$ est toujours hypohermitienne.

5° Une hypohermitienne complexe (réelle) reste telle après transformation par une unitaire R (orthogonale réelle U). En effet,

$$R^{-1}AR = \bar{R}'AR, \qquad U^{-1}AU = U'AU.$$

6° *Toute hypohermitienne (unitaire) est canonisable et possède au moins une canonisante unitaire. La forme canonique est aussi hypohermitienne (unitaire).*

La démonstration a été donnée ailleurs (HH, 6°; H, 22°).

L'unitaire canonique est ($j = 1, 2, \ldots, n$)

$$\sum_j^{\cdot} e_j e^{i\alpha_j} \qquad (\alpha_j = \text{arc réel}).$$

L'hermitienne canonique est

$$\sum_j^{\cdot} e_j f_j \qquad (f_j = \text{réelle et positive}).$$

L'hypohermitienne canonique de rang r est

$$A = \begin{pmatrix} a & 0 \\ 0 & 0 \end{pmatrix}\begin{matrix} r \\ n-r \end{matrix} \qquad (a = \text{hermitienne canonique } r\text{-aire}).$$
$$\quad r \qquad n-r$$

On voit que, pour une hermitienne, l'expression X du 4° est toujours positive, sauf pour $x_j = 0$.

7° Soit l'hermitienne B, qui admet l'unitaire R pour canonisante et

$$B_0 = \dot{\sum_j} e_1 b_j \qquad (b_j = \text{positive}),$$

pour forme canonique; $B = R^{-1} B_0 R$.

Prenons un nombre réel m quelconque et désignons par β_j le nombre positif tel que $L\beta_j = m L b_j$, L désignant le logarithme népérien. Les nombres b_j et β_j se définissent mutuellement sans ambiguïté, $\beta_j = b_j^m$.

On désignera par B_0^m la canonique hermitienne

$$B_0^m = \dot{\sum_j} e_1 b_j^m,$$

et par B^m l'hermitienne $R^{-1} B_0^m R$.

Soient, *pour m positif* :

A une hypohermitienne de rang r;
R une canonisante unitaire;
A_0 la forme canonique de $A = R^{-1} A_0 R$;
a une hermitienne canonique r-aire.

$$A_0 = \begin{pmatrix} a & 0 \\ 0 & 0 \end{pmatrix}\begin{matrix} r \\ n-r \end{matrix}.$$
$$\begin{matrix} r & n-r \end{matrix}$$

On désignera par A^m l'hypohermitienne, de rang r, $A^m = R^{-1} A_0^m R$,

$$A_0^m = \begin{pmatrix} a^m & 0 \\ 0 & 0 \end{pmatrix}.$$

Les matrices hypohermitiennes A et A^m se définissent mutuellement sans ambiguïté.

8° Quand on s'astreint à rester dans le réel, tous les résultats énoncés aux 6° et 7° subsistent à condition de remplacer le mot *unitaire* par les mots *réelle* et *orthogonale*.

9° Soit A un Tableau (n, p)-aire, $p \leqq n$. Construisons une matrice n-aire A en complétant, à droite, $\mathcal{A}$ par $n-p$ colonnes composées de zéros. Il viendra

$$A = (\underset{p}{\mathcal{A}} \quad \underset{n-p}{0})\, n = \underset{p \quad n-p}{\begin{pmatrix} A_{11} & 0 \\ A_{21} & 0 \end{pmatrix}} \begin{matrix} p \\ n-p \end{matrix},$$

$$\mathcal{A} = \underset{p}{\begin{pmatrix} A_{11} \\ A_{21} \end{pmatrix}} \begin{matrix} p \\ n-p \end{matrix}, \qquad \bar{A}' = \begin{pmatrix} \bar{A}'_{11} & \bar{A}'_{21} \\ 0 & 0 \end{pmatrix} = \begin{pmatrix} \bar{\mathcal{A}}' \\ 0 \end{pmatrix},$$

$$A\bar{A}' = \begin{pmatrix} A_{11}\bar{A}'_{11} & A_{11}\bar{A}'_{21} \\ A_{21}A'_{11} & A_{21}\bar{A}'_{21} \end{pmatrix}, \qquad \bar{A}'A = \begin{pmatrix} \bar{A}'_{11}A_{11} + \bar{A}'_{21}A_{21} & 0 \\ 0 & 0 \end{pmatrix}.$$

On pourra donc dire que, si $\mathcal{A}$ est un Tableau (n, p)-aire, le Tableau $\mathcal{A}\bar{\mathcal{A}}'$ est une hypohermitienne n-aire.

Le Tableau $\bar{\mathcal{A}}'\mathcal{A}$ est une hypohermitienne p-aire, savoir $\bar{A}'_{11}A_{11} + \bar{A}'_{21}A_{21}$.

Nous nous appuierons implicitement sur ces résultats dans divers calculs du présent Mémoire.

10° Dans nos recherches précédentes nous avons (II et IIII) étudié la construction des hypohermitiennes par le procédé $A\bar{A}'$, A étant une n-aire quelconque. Je ne rappellerai ici rien des résultats obtenus, car les trois premiers Chapitres du présent Mémoire ont précisément pour but de préciser et de généraliser ces résultats.

CHAPITRE I.

MATRICES F, G ET T.

1° Introduisons la n-aire hypohermitienne et canonique F, de rang r,

$$F = \begin{pmatrix} f & 0 \\ 0 & 0 \end{pmatrix} \begin{matrix} r \\ n-r \end{matrix}, \qquad \begin{matrix} r & n-r \end{matrix}$$

f = hermitienne canonique r-aire. La substitution F sera

$$F = |x_j \quad f_j x_j| \qquad (j = 1, 2, \ldots, n),$$

f_j = nombre réel non négatif.

On peut supposer les coefficients f_j rangés par ordre de grandeur non croissante et prendre les

r_1 premiers égaux à φ_1,
r_2 suivants égaux à φ_2,
.....................,
r_σ suivants égaux à φ_σ,
.....................,
r_s avant-derniers égaux à φ_s,
r_{s+1} derniers égaux à $\varphi_{s+1} = 0$;

$$r = \sum_\sigma r_\sigma, \qquad r_{s+1} = n - r \qquad (\sigma, \tau = 1, 2, \ldots, s+1).$$

On écrira donc

$$(1) \quad \begin{cases} F = \sum_\sigma \varphi_\sigma E_\sigma & (\sigma = 1, 2, \ldots, s+1), \\ f = \sum_\sigma \varphi_\sigma E_\sigma & (\sigma = 1, 2, \ldots, s). \end{cases}$$

E_σ = r_σ-aire unité.

avec

$$\varphi_1 > \varphi_2 > \ldots > \varphi_\sigma > \ldots > \varphi_s > 0, \qquad \varphi_{s+1} = 0.$$

2° Modifier dans F l'ordre des coefficients f_j ou φ_σ c'est transformer F par une substitution réelle et orthogonale.

Il est maintenant utile pour la suite de résoudre quelques problèmes relatifs à F.

PREMIER PROBLÈME. — *Construire l'unitaire générale* T *échangeable à* F.

3° On peut toujours écrire

$$T = \begin{pmatrix} T_{11} & T_{12} \\ T_{21} & T_{22} \end{pmatrix} \begin{matrix} r \\ n-r \end{matrix}.$$
$$\quad r \qquad n-r$$

Les conditions nécessaires et suffisantes d'unitarité,

$$T\overline{T}' = e_n,$$

sont :

$$(2) \qquad \begin{cases} e_r = T_{11}\overline{T}'_{11} + T_{12}\overline{T}'_{12}, \\ e_{n-r} = T_{22}\overline{T}'_{22} + T_{21}\overline{T}'_{21}, \\ 0 = T_{11}\overline{T}'_{21} + T_{12}\overline{T}'_{22}. \end{cases}$$

On voit facilement que, *si* $T_{12} = 0$ (ou $T_{21} = 0$), *on a* $T_{21} = 0$ (ou $T_{12} = 0$), T_{11} *et* T_{22} *étant unitaires.*

Ensuite

$$FT = \begin{pmatrix} fT_{11} & fT_{12} \\ 0 & 0 \end{pmatrix} = TF = \begin{pmatrix} T_{11}f & 0 \\ T_{21}f & 0 \end{pmatrix};$$

$$fT_{11} = T_{11}f, \qquad 0 = fT_{12} = T_{21}f;$$

comme la r-aire f est invertible, on a $T_{12} = T_{21} = 0$; les matrices T_{22}, T_{11} sont invertibles et unitaires ; T_{11} est échangeable à f.

Posons $T_{11} = t$ et, dans la r-aire t, établissons le canevas

$$t = \{ t_{\sigma\tau} \} \qquad (\sigma, \tau = 1, 2, \ldots, s).$$

$t_{\sigma\tau}$ = Tableau (r_σ, r_τ)-aire.

Comme (1°) $f = \dot{\sum_\sigma} \varphi_\sigma E_\sigma$, il viendra, puisque t est échangeable à f,

$$t = | t_{\sigma\tau} | = f^{-1} t f = | \varphi_\sigma^{-1} \varphi_\tau t_{\sigma\tau} |.$$

Pour $\sigma \neq \tau$,

$$\varphi_\sigma : \varphi_\tau \neq 1, \qquad t_{\sigma\tau} = 0.$$

Par suite

$$t = \dot{\sum_\sigma} T_\sigma, \qquad T_\sigma = t_{\sigma\sigma} = \text{unitaire arbitraire } r_\sigma\text{-aire.}$$

4° En définitive, on a, pour l'unitaire générale T échangeable à F,

$$(3)\quad \left\{ \begin{array}{l} T = \begin{pmatrix} t & 0 \\ 0 & T_{22} \end{pmatrix} \begin{matrix} r \\ n-r \end{matrix}, \\ \qquad\quad r \quad n-r \\ t = \dot{\sum_\sigma} T_\sigma : \quad T_\sigma, \quad T_{22} = \text{unitaire arbitraire, respectivement } r_\sigma\text{-aire et } (n-r)\text{-aire} \\ \qquad (\sigma = 1, 2, \ldots, s). \end{array} \right.$$

5° Cherchons la r-aire générale t échangeable à l'hermitienne f. Le même raisonnement qu'au 3° donnera

$$t = \dot{\sum_\sigma} T_\sigma, \qquad T_\sigma = r_\sigma\text{-aire arbitraire.}$$

Si la substitution f est

$$f = | x_j \quad f_j x_j | \qquad (j = 1, 2, \ldots, r),$$

désignons par f_j^m le nombre réel et non négatif dont le logarithme s'obtient en multipliant le logarithme de f_j par l'exposant réel m. La substitution f^m sera

$$f^m = | x_j \quad f_j^m x_j |;$$

f et f^m se définissent mutuellement sans ambiguïté. Les nombres r_σ sont les mêmes pour f et pour f^m. La matrice t, échangeable à f_i ne dépend point des coefficients f_i, mais uniquement des nombres r_ϱ. On peut donc énoncer la proposition suivante :

LEMME. — *Pour que la matrice t soit échangeable à l'hermitienne f, il faut et il suffit que t soit échangeable à l'hermitienne f^m, où l'exposant m est un nombre réel quelconque, zéro exclu.*

DEUXIÈME PROBLÈME. — *Construire l'unitaire générale* G, *telle que* GFG = F.

6° Si l'unitaire G est solution de la relation GFG = F, sera aussi solution l'unitaire $T^{-1}GT$, où T est une unitaire quelconque échangeable à F.

De F = GFG on tire $FG = G^{-1}F = \overline{G}'F$ par unitarité. Écrivons, comme au 3° pour T,

$$G = \begin{pmatrix} G_{11} & G_{12} \\ G_{21} & G_{22} \end{pmatrix} \begin{matrix} r \\ n-r \end{matrix}.$$
$$\quad\quad r \quad\quad n-r$$

De là

$$FG = \begin{pmatrix} fG_{11} & fG_{12} \\ 0 & 0 \end{pmatrix} = \overline{G}'F = \begin{pmatrix} \overline{G}'_{11}f & 0 \\ \overline{G}'_{12}f & 0 \end{pmatrix},$$

$$fG_{11} = \overline{G}'_{11}f, \qquad fG_{12} = \overline{G}'_{12}f = 0.$$

Comme f est invertible, $G_{12} = 0$ et, par unitarité [formules (2)], en vertu d'un calcul facile et puisque $G_{11} = g$ est invertible, $G_{21} = 0$. Les matrices g et G_{22} sont unitaires et $f = gfg$.

Posons

$$g = hf^{-1}, \qquad h = gf;$$

d'où

$$h^2 = gfgf = f^2.$$

La matrice h est échangeable à h^2, c'est-à-dire à f^2, c'est-à-dire (lemme du 5°) à f. g, produit des matrices échangeables à f, est aussi échangeable à f. La matrice

$$G = \begin{pmatrix} g & 0 \\ 0 & G_{22} \end{pmatrix}$$

étant échangeable à F, est une matrice T.

On a par suite [formules (3)]

$$g = \dot{\sum_{\sigma}} G_{\sigma}, \qquad G_{\sigma} = \text{unitaire } r_{\sigma}\text{-aire.}$$

Soient :

$\mathfrak{I}_{\sigma}$ une unitaire r_{σ}-aire canonisante pour G_{σ};
$\mathfrak{I}_{22}$ une unitaire $(n-r)$-aire canonisante pour G_{22};
$\mathfrak{I}$ la matrice unitaire

$$\mathfrak{I} = \begin{pmatrix} \dot{\sum_{\sigma}} \mathfrak{I}_{\sigma} & 0 \\ 0 & \mathfrak{I}_{22} \end{pmatrix}.$$

$\mathfrak{I}$ est une matrice T.

L'unitaire $\mathfrak{G} = \mathfrak{I}^{-1} G \mathfrak{I}$ sera une matrice T, canonique et solution de la relation $F = GFG$.

7° Des deux relations ci-dessus

$$f = gfg = gfg^{-1}$$

on tire $g^2 = e_r$. Les racines caractéristiques de g sont donc ± 1. Si l'on écrit

$$\mathfrak{G} = \begin{pmatrix} \mathfrak{G}_{11} & 0 \\ 0 & \mathfrak{G}_{22} \end{pmatrix} \begin{matrix} r \\ n-r \end{matrix}$$
$$\qquad n \quad n-r$$

la canonique $\mathfrak{G}_{11}$ sera de la forme

$$\mathfrak{G}_{11} = | x_j \quad g_j x_j |,$$
$$g_j = \pm 1 \qquad (j = 1, 2, \ldots, r).$$

On a ainsi la proposition suivante :

Théorème. — *Toute unitaire* G *telle que* F = GFG, *s'obtient en transformant par une unitaire quelconque* T, *échangeable à F, l'unitaire*

$$\mathfrak{G} = \begin{pmatrix} g & 0 \\ 0 & \mathfrak{G}_{22} \end{pmatrix}, \qquad \mathfrak{G}_{22} = \text{unitaire arbitraire},$$

où g est une unitaire canonique telle que $g^2 = e_r$.

TROISIÈME PROBLÈME. — *Construire les unitaires générales* L *et* M, *telles que* $F = LFM$.

8° On a successivement

$$F = LFM = \overline{M}'F\overline{L}' = M^{-1}FL^{-1} \qquad \text{et} \qquad F = GFG, \quad G = ML,$$

avec (théorème du 7°)

$$G = \begin{pmatrix} g & 0 \\ 0 & G_{22} \end{pmatrix}; \qquad g = |\, x_j \;\; g_j x_j \,|, \qquad g_j = \pm 1.$$

Le faisceau $\rho e_n - F$ est identique au faisceau (ρ = paramètre variable)

$$\rho e_n - M^{-1}FL^{-1} = M^{-1}(\rho G - F)L^{-1}$$

et équivalent au faisceau $\rho G - F$. Donc

$$|\rho e_n - F| = \begin{vmatrix} \rho e_r - f & 0 \\ 0 & \rho e_{n-r} \end{vmatrix} = \rho^{n-r}|\rho e_r - f|$$
$$= \begin{vmatrix} \rho g - f & 0 \\ 0 & \rho G_{22} \end{vmatrix} = \rho^{n-r}|\rho g - f|.$$

Or

$$|\rho e_r - f| = \prod_r (\rho - f_r); \qquad |\rho g - f| = \prod_j (\rho g_j - f_j).$$

Si un des g_j était -1, une des racines caractéristiques f_j de f serait la quantité négative $-f_j$, ce qui est absurde, puisque f est hermitienne. Tous les coefficients g_j sont égaux à l'unité et $g = e_r$.

$$ML = \begin{pmatrix} e_r & 0 \\ 0 & G_{22} \end{pmatrix}.$$

9° Posons

$$L = \begin{pmatrix} L_{11} & L_{12} \\ L_{21} & L_{22} \end{pmatrix}, \qquad M = \begin{pmatrix} M_{11} & M_{12} \\ M_{21} & M_{22} \end{pmatrix},$$

$$F = \begin{pmatrix} f & o \\ o & o \end{pmatrix} = LFM = \begin{pmatrix} L_{11} f M_{11} & L_{11} f M_{12} \\ L_{21} f M_{11} & L_{21} f M_{12} \end{pmatrix},$$

$$f = L_{11} f M_{11}; \qquad o = L_{11} f M_{12} = L_{21} f M_{11} = L_{21} f M_{12}.$$

L_{11} et M_{11} sont invertibles; $M_{12} = o$; $L_{21} = o$. Par unitarité de L et M [formules (2)], en vertu d'un calcul facile, $M_{21} = L_{12} = o$. Si $L_{11} = l$, $M_{11} = m$,

$$L = \begin{pmatrix} l & o \\ o & L_{22} \end{pmatrix}, \qquad M = \begin{pmatrix} m & o \\ o & M_{22} \end{pmatrix},$$

$$ML = G = \begin{pmatrix} e_r & o \\ o & G_{22} \end{pmatrix} = \begin{pmatrix} ml & o \\ o & M_{22}L_{22} \end{pmatrix}.$$

Enfin $ml = e_r$; $f = lfm = lfl^{-1}$; $l = t$, t étant la matrice échangeable à f, contruite au 4°. L est une unitaire T; il en est de même pour M.

10° En résumé, *les unitaires* L *et* M *telles que* LFM = F *sont des unitaires* T *échangeables à* F. *On a*

$$L = \begin{pmatrix} l & o \\ o & L_{22} \end{pmatrix}, \qquad M = \begin{pmatrix} m & o \\ o & M_{22} \end{pmatrix},$$

les deux r-aires l et m étant inverses l'une de l'autre.

11° Dans le cas particulier, où $r = n$, on a

$$F = f. \qquad LM = e_n. \qquad L = T.$$

Ce cas offre pour nous dans la suite un intérêt spécial.

12° Nommons D l'unitaire $D = e_r \dotplus d$, $d = (n - r)$-aire unitaire. On a

$$FD = FD = F.$$

La matrice D est un cas particulier des matrices T. Les résultats du 10° peuvent s'énoncer ainsi : L *et* M *sont deux matrices* T, *dont le produit est une matrice* D.

Dans le cas particulier où $r = n$, D se réduit à l'unité et l'on retombe sur les résultats du 11°.

CHAPITRE II.

ÉTABLISSEMENT DE LA FORMULE $A = LFM$.

13° Soient :

F l'hypohermitienne canonique étudiée au Chapitre précédent, n-aire, de rang r;
A une matrice quelconque, n-aire, de rang r.

Je vais montrer que : *l'on peut toujours, au moins d'une façon, choisir* F *et deux unitaires* L *et* M, *telles que l'on ait* $A = LFM$.

14° Il est évident qu'au cours de la démonstration il est licite et indifférent de multiplier, devant et derrière, A par des unitaires quelconques.

15° La matrice $\overline{A}'$ a aussi le rang r. Je dis que *les deux hypohermitiennes* $A\overline{A}'$ *et* $\overline{A}'A$ *ont aussi le rang* r.

En posant $B = \overline{A}'$, on a $\overline{A}'A = B\overline{B}'$. Il suffit donc de démontrer la proposition pour $U = A\overline{A}'$.

Soit α le rang de U; on a évidemment $\alpha \leqq r$.

Prenons l'hypohermitienne U sous forme canonique

$$U = \underset{\alpha \quad n-\alpha}{\begin{pmatrix} u & 0 \\ 0 & 0 \end{pmatrix}}\begin{matrix}\alpha \\ n-\alpha\end{matrix}; \qquad u = \text{hermitienne}.$$

Soit alors

$$A = (a_{jk}) \qquad (l, j, k = 1, 2, \ldots, n).$$

Si $U = (U_{jk})$, il vient

$$U_{jk} = \sum_l a_{jl}\overline{a}_{kl},$$

$$U_{jj} = \sum_l a_{jl}\overline{a}_{jl} = \sum_l |a_{jl}|^2.$$

Mais $U_{jj} = 0$ pour $j > \alpha$; par suite $a_{jl} = 0$ pour $j > \alpha$. La matrice A a ses $n - \alpha$ dernières lignes composées de zéros. Le rang r de A ne dépasse pas α. Donc $r \leq \alpha$. Comme déjà $\alpha \leq r$, on a $\alpha = r$. C. Q. F. D.

16° **Lemme.** — *Les deux hypohermitiennes* $U = A\bar{A}'$ *et* $V = \bar{A}'A$ *sont semblables.*

Dans ma Note *Sur une propriété des matrices linéaires* (*Nouvelles Annales de Mathématiques*, 1912), j'ai démontré la proposition que voici :

Soient B et C deux matrices n-aires, $U = BC$, $V = CB$ leurs produits. Pour que U et V soient semblables, il faut et il suffit que les matrices U^m et V^m aient même rang, pour $m = 1, 2, \ldots, \varpi$, l'entier ϖ étant suffisamment élevé.

Dans le cas actuel, les deux matrices U et V ont même rang r. U et V sont hypohermitiennes et canonisables; pour tout entier positif m, U^m et V^m ont le même rang r. U et V sont donc semblables. C. Q. F. D.

17° U et V étant semblables ont même forme canonique, que l'on peut écrire

$$A_0 = \underset{\quad r \qquad n-r}{\begin{pmatrix} f^2 & 0 \\ 0 & 0 \end{pmatrix}} \begin{matrix} r \\ r-r \end{matrix},$$

où f est l'hermitienne étudiée au Chapitre précédent. En effet, toute hermitienne est le carré d'une autre hermitienne. Soient R et S deux unitaires, canonisantes respectivement pour U et V. Il viendra

$$A_0 = \bar{R}'UR = \bar{R}'A\bar{A}'R = \bar{S}'VS = \bar{S}'\bar{A}'AS.$$

Posons, L et M étant deux unitaires, $A = LBM$. Il viendra

$$U = LB\bar{B}'\bar{L}', \qquad V = \bar{M}'\bar{B}'BM$$

et ensuite

$$A_0 = \bar{R}'LB\bar{B}'\bar{L}'R = \bar{S}'\bar{M}'\bar{B}'BMS.$$

Prenons $L = R$, $M = S^{-1}$; il viendra finalement

$$A_0 = B\overline{B}' = \overline{B}'B.$$

On verra, comme au 15°, que la matrice B a ses $n-r$ dernières lignes composées de zéros et que

$$B = \begin{pmatrix} p & q \\ 0 & 0 \end{pmatrix}\begin{matrix} r \\ n-r \end{matrix}; \qquad \overline{B}' = \begin{pmatrix} \overline{p}' & 0 \\ \overline{q}' & 0 \end{pmatrix}.$$
$$\begin{matrix} r & n-r \end{matrix}$$

Alors

$$A_0 = \begin{pmatrix} f^2 & 0 \\ 0 & 0 \end{pmatrix} = B\overline{B}' = \begin{pmatrix} p\overline{p}' + q\overline{q}' & 0 \\ 0 & 0 \end{pmatrix} = \overline{B}'B = \begin{pmatrix} \overline{p}'p & \overline{p}'q \\ \overline{q}'p & \overline{q}'q \end{pmatrix}.$$

$$f^2 = p\overline{p}' + q\overline{q}'; \qquad 0 = \overline{p}'q = \overline{q}'p = \overline{q}'q; \qquad f^2 = \overline{p}'p.$$

L'hypohermitienne $(n-r)$-aire $\overline{q}'q$ a le rang zéro; il en est de même pour la matrice q (15°). Ainsi

$$q = 0, \qquad f^2 = p\overline{p}' = \overline{p}'p.$$

On écrira

$$e_n = f^{-1}p\overline{p}'f^{-1} = f^{-1}p\,(\overline{f^{-1}p})'.$$

La matrice $w = f^{-1}p$ est unitaire, $p = fw$.

$$B = \begin{pmatrix} p & 0 \\ 0 & 0 \end{pmatrix} = \begin{pmatrix} fw & 0 \\ 0 & 0 \end{pmatrix} = \begin{pmatrix} f & 0 \\ 0 & 0 \end{pmatrix}\begin{pmatrix} w & 0 \\ 0 & e_{n-r} \end{pmatrix}$$
$$= FW, \quad W = \text{unitaire}.$$

F est l'hypohermitienne canonique du 13°.

On a pris $A = RBS^{-1}$; il viendra

$$A = RFWS^{-1},$$

ce qui est précisément l'énoncé du théorème annoncé au 13°.

18° Reprenons la formule $A = LFM$.

$$A\overline{A}' = LF^2\overline{L}' = LF^2L^{-1}.$$

F^2 est la forme canonique de l'hypohermitienne $A\overline{A}'$. On peut ranger dans un ordre quelconque les racines caractéristiques de $A\overline{A}'$, car changer cet ordre revient à transformer A par une matrice réelle et orthogonale (2°) qui se fondra dans les unitaires L et M. On peut donc ranger les racines dans l'ordre indiqué au 1°. Par suite, pour A donnée, l'hypohermitienne F^2 et l'hypohermitienne F sont définies sans ambiguïté.

19° Nommons *associées* les deux unitaires L et M qui, pour A et F données, figurent dans la formule $A = LFM$.

Soient (L_1, M_1), (L_2, M_2) deux couples de matrices associées. On aura

$$A = L_1 F M_1 = L_2 F M_2, \qquad F = LFM,$$
$$L = L_1^{-1} L_2, \qquad M = M_2 M_1^{-1}.$$

Par suite (10°) L et M sont échangeables à F, avec (l, m = unitaires; L_{22}, M_{22} = unitaires arbitraires)

$$L = \begin{pmatrix} l & 0 \\ 0 & L_{22} \end{pmatrix}, \qquad M = \begin{pmatrix} m & 0 \\ 0 & M_{22} \end{pmatrix}; \qquad lm = e_r,$$
$$L_2 = L_1 L, \qquad M_2 = M M_1.$$

Telle est l'expression générale des couples d'unitaires associées.

20° Dans le cas particulier où la matrice A est invertible, on a $L^{-1} = M$, $L = T$. Si (L_1, M_1) est un couple d'unitaires associées, tout autre couple sera donné par la formule

$$(L_1 T, \; T^{-1} M_1).$$

21° On peut écrire

$$A = LFM = LF\overline{L}'LM = LM\overline{M}'FM.$$

Les matrices $LF\overline{L}'$ et $\overline{M}'FM$ sont hypohermitiennes. On peut donc dire que *toute matrice est le produit d'une hypohermitienne et d'une unitaire.*

C'est sous cette forme (moins précise que la forme actuelle) que, dans mon Mémoire *Sur l'Hypohermitien*, j'ai énoncé d'abord le théorème annoncé au 13°.

22° Eu égard aux résultats du 12°, on aura (19°)

$$L = T, \qquad LM = D, \qquad L_2 = L_1 T, \qquad M_2 = L^{-1} D M_1.$$

Ainsi, si l'on a un couple (L, M) d'unitaires associées, tous les couples seront fournis par la formule

$$(LT,\ T^{-1}DM).$$

CHAPITRE III.

CAS DES MATRICES RÉELLES.

23° Voyons maintenant ce que deviennent les théories des deux Chapitres précédents, quand on s'astreint à rester dans le réel, c'est-à-dire à ne considérer que des matrices réelles.

Les unitaires réelles sont orthogonales. On peut donc prévoir que le rôle des unitaires sera joué par les orthogonales réelles.

24° Rien n'est à changer de la matrice F, déjà réelle.

Construisons (premier problème du Chapitre I) l'orthogonale T, échangeable à F.

Les conditions d'orthogonalité pour la matrice

$$T = \begin{pmatrix} T_{11} & T_{12} \\ T_{21} & T_{22} \end{pmatrix} \begin{matrix} r \\ n-r \end{matrix}$$
$$\quad\quad r \quad n-r$$

sont analogues aux formules (2)

$$(4) \qquad \begin{cases} e_r = T_{11}T'_{11} + T_{12}T'_{12}, \\ e_{n-r} = T_{22}T'_{22} + T_{21}T'_{21}, \\ 0 = T_{11}T'_{21} + T_{12}T'_{22}, \end{cases}$$

et encore, *si* $T_{12} = 0$ (ou $T_{21} = 0$), *on a* $T_{21} = 0$ (ou $T_{12} = 0$), *les deux matrices* T_{11} *et* T_{22} *étant orthogonales.*

Les formules (3) subsistent, les T_{11} et T_{22} étant des orthogonales réelles. Le lemme du 5° subsiste.

25° Construisons (second problème du Chapitre I) l'orthogonale G, telle que $F = GFG$. On a encore

$$G = \begin{pmatrix} g & 0 \\ 0 & G_{22} \end{pmatrix},$$

où g est une orthogonale échangeable à l'orthogonale t qui figure dans T et G_{22} est une orthogonale quelconque. De plus, comme au Chapitre I,

$$g^2 = e_r = gg'; \qquad g = g' = \text{symétrique}.$$

Dans mon Mémoire *Sur la décomposition d'une substitution linéaire, réelle et orthogonale en un produit d'inversions* (*Annales de l'Université de Lyon*, 1903), j'ai démontré la proposition suivante :

Toute matrice S, *réelle et orthogonale, possède au moins une* SEMI-CANONISANTE R, *réelle et orthogonale, telle que* $R^{-1}ST$ *ait la* FORME SEMI-CANONIQUE

$$-e_\alpha \dotplus e_\beta \dotplus \dot{\sum_\delta} \begin{pmatrix} \cos\theta_\delta & \sin\theta_\delta \\ -\sin\theta_\delta & \cos\theta_\delta \end{pmatrix},$$

$$\delta = 1, 2, \ldots, \Delta. \qquad n = \alpha + \beta + 2\Delta.$$

Le théorème est au 73° du Mémoire. Dans le cas actuel, l'orthogonale g est symétrique et reste telle après semi-canonisation. Autrement dit, les matrices binaires

$$\begin{pmatrix} \cos\theta_\delta & \sin\theta_\delta \\ -\sin\theta_\delta & \cos\theta_\delta \end{pmatrix}$$

disparaissent et $\Delta = 0$. La semi-canonique devient canonique.

Pour la r_σ-aire G_σ du 6°, réelle et orthogonale, les choses se passent de même.

Si $\mathfrak{z}_\sigma$ est une semi-canonisante (ou canonisante) de G_σ, l'orthogonale

$$\mathfrak{z} = \begin{pmatrix} \dot{\sum_\sigma} \mathfrak{z}_\sigma & 0 \\ 0 & \mathfrak{z}_{22} \end{pmatrix} \quad \text{(comme au 6°)}$$

est une canonisante de G. Le théorème du 7° subsiste en remplaçant les mots *unitaire* par ceux de *réelle et orthogonale*.

26° Construisons (troisième problème du Chapitre I) les deux orthogonales L et M telles que $F = LFM$. Les raisonnements des 8° et 9° subsistent. Il vient, comme au 10°,

$$L = \begin{pmatrix} l & 0 \\ 0 & L_{22} \end{pmatrix}, \qquad M = \begin{pmatrix} m & 0 \\ 0 & M_{22} \end{pmatrix},$$

L_{22}, M_{22} = orthogonales arbitraires; l, m = orthogonales échangeables à f; $lm = e_r$.

Dans le cas (11°) où $r = n$, on a

$$M = L^{-1}, \qquad L = T.$$

27° Reprenons le raisonnement du 15°. On verra encore que la matrice réelle A, sa transposée A′, les deux hypohermitiennes AA′ et A′A ont même rang r. AA′ et A′A seront encore semblables (16°). Le raisonnement du 17° est à modifier à peine.

$U = AA'$ et $V = A'A$ ont même forme canonique

$$A_0 = \begin{pmatrix} f^2 & 0 \\ 0 & 0 \end{pmatrix}$$

et les canonisantes orthogonales R et S,

$$A_0 = R'UR = S'VS;$$

si $A = RBS^{-1}$, il viendra

$$A_0 = BB' = B'B.$$

Posons

$$B = \begin{pmatrix} p & q \\ 0 & 0 \end{pmatrix}$$

comme au 17°; on a

$$BB' = \begin{pmatrix} pp' + qq' & 0 \\ 0 & 0 \end{pmatrix} = B'B = \begin{pmatrix} p'p & p'q \\ q'p & q'q \end{pmatrix};$$

puis $q = 0$, etc.

Finalement le théorème du 13°, dans le domaine réel, devient : *Toute matrice réelle* A *peut s'écrire* $A = LFM$, *où* L *et* M *sont deux orthogonales réelles.*

28° Pour la réelle A donnée, F est définie sans ambiguïté. Il n'en est pas de même pour le couple des deux orthogonales *associées* L et M. Si un couple est (L_1, M_1), tout autre (L_2, M_2) est donné par la formule

$$L_2 = L_1 L, \qquad M_2 = MM_1,$$

où L et M sont les orthogonales indiquées au 26°.

29° En résumé, *toute la théorie établie aux Chapitres I et II, sans faire la distinction du réel et de l'imaginaire, subsiste intégralement sur le terrain réel seul, à condition de remplacer les unitaires par des orthogonales réelles.*

30° Nous sommes maintenant à même d'aborder les applications de la formule

$$A = LFM.$$

CHAPITRE IV.

ORTHOGONALES COMPLEXES.

31° Comme application de la formule $A = LFM$ du 13°, je vais chercher *à quelles conditions nécessaires et suffisantes doivent satisfaire les matrices* L, M *et* F *pour que* A *soit orthogonale*, $A' = A^{-1}$.

Disons une fois pour toutes qu'en modifiant l'ordre dans lequel on écrira les coefficients de F, on transforme F par une orthogonale réelle.

D'ailleurs l'orthogonale A est invertible et l'on a $F = f$.

32° Lemme. — *Les deux hermitiennes* f *et* f^{-1} *sont semblables et l'on a* $f^{-1} = \mathcal{L}^{-1} f \mathcal{L}$, *où* $\mathcal{L} = L'L$.

On a successivement

$$A = LfM, \qquad A' = M'fL' = A^{-1} = M^{-1}f^{-1}L^{-1},$$
$$f^{-1} = \mathcal{M} f \mathcal{L}, \qquad \mathcal{M} = MM', \qquad \mathcal{L} = L'L.$$

Les unitaires $\mathcal{L}$ et $\mathcal{M}$ sont symétriques avec $\overline{\mathcal{L}} = \mathcal{L}^{-1}$, $\overline{\mathcal{M}} = \mathcal{M}^{-1}$.

Ensuite

$$f^{-1} = \mathcal{M} f \mathcal{L} = (\mathcal{M} f \mathcal{L})' = \mathcal{L} f \mathcal{M} = (\overline{\mathcal{M} f \mathcal{L}}) = \mathcal{M}^{-1} f \mathcal{L}^{-1}$$
$$= (\overline{\mathcal{M} f \mathcal{L}})' = \mathcal{L}^{-1} f \mathcal{M}^{-1};$$

c'est-à-dire

$$f = \mathcal{M}^2 f \mathcal{L}^2 = \mathcal{L}\mathcal{M} f \mathcal{L}\mathcal{M} = \mathcal{L}^{-1}\mathcal{M} f \mathcal{L}\mathcal{M}^{-1}$$

et (11°)

$$\mathcal{L}^{-2} = \mathcal{M}^2 = \text{échangeable à } f; \qquad \mathcal{L}\mathcal{M} = \text{échangeable à } f;$$
$$\mathcal{L}^{-1}\mathcal{M}\mathcal{L}\mathcal{M}^{-1} = e_n, \qquad \mathcal{M}\mathcal{L} = \mathcal{L}\mathcal{M}.$$

On a ensuite, sous le bénéfice des relations qu'on vient d'écrire,

$$f^{-2} = \mathcal{L} f \mathcal{M}\mathcal{M} f \mathcal{L} = \mathcal{L} f \mathcal{M}^2 f \mathcal{L} = \mathcal{L}\mathcal{M}^2 f^2 \mathcal{L}$$
$$= \mathcal{L}\mathcal{L}^{-2} f^2 \mathcal{L} = \mathcal{L}^{-1} f^2 \mathcal{L}.$$

Les deux hermitiennes f^{-2} et $\mathcal{L}^{-1} f^2 \mathcal{L}$ sont identiques; leurs racines carrées f^{-1} et $\mathcal{L}^{-1} f \mathcal{L}$ le sont aussi et

$$f^{-1} = \mathcal{L}^{-1} f \mathcal{L} \qquad \text{C. Q. F. D.}$$

33° On a

$$f^{-1} = \mathcal{L}^{-1} f \mathcal{L} = \mathcal{M} f \mathcal{L},$$

donc

$$\mathcal{M} = \mathcal{L}^{-1};$$

c'est-à-dire

$$e_n = \mathrm{M}\mathrm{M}'\mathrm{L}'\mathrm{L}, \qquad \mathrm{M}'\mathrm{L}' = \mathrm{M}^{-1}\mathrm{L}^{-1},$$
$$\mathrm{L}\mathrm{M} = \mathrm{L}'^{-1}\mathrm{M}'^{-1} = \bar{\mathrm{L}}\bar{\mathrm{M}} = \overline{(\mathrm{L}\mathrm{M})}.$$

L'unitaire $\mathrm{W} = \mathrm{L}\mathrm{M}$ étant réelle est orthogonale.

Posons

$$\mathrm{B} = \mathrm{A}\mathrm{W}' = \mathrm{L} f \mathrm{L}^{-1}.$$

A et B sont orthogonales simultanément. Pour B, les conditions d'orthogonalité se réduisent à

$$\mathrm{B}^{-1} = \mathrm{L} f^{-1} \mathrm{L}^{-1} = \mathrm{B}' = \mathrm{L}'^{-1} f \mathrm{L}', \qquad \mathrm{L}'\mathrm{L} f^{-1} = f \mathrm{L}'\mathrm{L}, \qquad f^{-1} = \mathcal{L}^{-1} f \mathcal{L}.$$

34° Nommons n_0 le nombre des racines caractéristiques de la matrice f égales à 1. Soit φ, avec le degré de multiplicité h, une racine caractéristique $\varphi \neq 1$. Les hermitiennes f et f^{-1} étant semblables, le nombre φ^{-1} est aussi racine caractéristique h-uple. Donc $n - n_0$ est un nombre pair 2ν. A la racine n_ζ-uple φ_ζ correspond la racine n_ζ-uple φ_ζ^{-1}, avec

$$\sum_\zeta n_\zeta = \nu, \qquad n = n_0 + 2\nu.$$

35° Changeons l'ordre des coefficients φ. Cela revient (31°) à changer f en $f_1 = \mathrm{R} f \mathrm{R}^{-1}$, R = orthogonale réelle. On a la relation $\mathrm{LFM} = \mathrm{A} = \mathrm{L}_1 f_1 \mathrm{M}_1 = \mathrm{L}_1 \mathrm{R} f \mathrm{R}^{-1} \mathrm{M}_1$ et $\mathrm{L}_1 \mathrm{R} = \mathrm{L}$, $\mathrm{L}_1 = \mathrm{L}\mathrm{R}^{-1}$, $\mathcal{L}_1 = \mathrm{L}'_1 \mathrm{L}_1 = \mathrm{R}\mathcal{L}\mathrm{R}^{-1}$. La condition d'orthogonalité (33°) $f^{-1} = \mathcal{L}^{-1} f \mathcal{L}$ reste invariante.

36° Sous le bénéfice de ces explications, on écrira

$$f = \dot{\sum_{\zeta}} \begin{pmatrix} \varphi_\zeta E_\zeta & 0 \\ 0 & \varphi_\zeta^{-1} E_\zeta \end{pmatrix} \dot{+} E_0$$

($E_\zeta = n_\zeta$-aire unité ; $E_0 = n_0$-aire unité), au lieu de l'expression donnée au 1°,

$$f = \dot{\sum_{\sigma}} \varphi_\sigma E_\sigma.$$

Une unitaire T, échangeable à f, s'écrira

$$T = \dot{\sum_{\zeta}} \begin{pmatrix} a_\zeta & 0 \\ 0 & b_\zeta \end{pmatrix} \dot{+} T_0$$

(a_ζ, b_ζ = unitaire n_ζ-aire ; T_0 = unitaire n_0-aire). C'est ce dont on s'assure en établissant, comme au 3°, dans T un canevas convenable.

37° Introduisons maintenant l'unitaire

$$\omega = \dot{\sum_{\zeta}} \frac{j}{\sqrt{2}} \begin{pmatrix} E_\zeta & -iE_\zeta \\ -iE_\zeta & E_\zeta \end{pmatrix} \dot{+} E_0; \qquad j^2 = i;$$

$j = e^{\frac{2\pi i}{8}}$ = racine primitive huitième de l'unité. ω est symétrique,

$$\bar{\omega} = \omega^{-1}; \qquad \omega^2 = \omega^{-2} = \dot{\sum_{\zeta}} \begin{pmatrix} 0 & E_\zeta \\ E_\zeta & 0 \end{pmatrix} \dot{+} E_0; \qquad \omega^4 = e_n.$$

On vérifie aisément que

$$f^{-1} = \omega^2 f \omega^2.$$

38° Cette égalité permet de construire l'unitaire symétrique ξ. On a en effet (33°),

$$f^{-1} = \xi^{-1} f \xi = \omega^2 f \omega^2,$$

$$f = \xi \omega^2 f \omega^2 \xi^{-1} \quad \text{et} \quad (11°) \quad \xi \omega^2 = \tau,$$

où τ est une unitaire échangeable à f.

On écrira (36°)

$$\tau = \dot{\sum_{\zeta}} \begin{pmatrix} g_\zeta & 0 \\ 0 & h_\zeta \end{pmatrix} \dot{+} \tau_0,$$

(g_ζ, $h_\zeta = n_\zeta$-aire unitaire; $\tau_0 = n_0$-aire unitaire).

Par suite

$$\xi = \tau\omega^2 = \dot{\sum_{\zeta}} \begin{pmatrix} 0 & g_\zeta \\ h_\zeta & 0 \end{pmatrix} \dot{+} \tau_0$$

et, par symétrie de ξ (32°), $h_\zeta = g'_\zeta$, $\tau_0 = \tau'_0$,

$$\xi = \dot{\sum_{\zeta}} \begin{pmatrix} 0 & g_\zeta \\ g'_\zeta & 0 \end{pmatrix} \dot{+} \tau_0.$$

39° Lemme. — *Étant donnée une unitaire symétrique, on peut toujours construire une autre unitaire symétrique, dont le carré reproduise la première.*

Soient :

c l'unitaire n-aire symétrique donnée;

c_0 sa forme canonique,

$$c_0 = |x_k \quad x_k e^{\gamma_k i}|$$

($k = 1, 2, \ldots, n$; γ_k = arc réel, compris entre 0 et 2π);

r une unitaire canonisante, telle que

$$c = r^{-1} c_0 r;$$

d_0 l'unitaire canonique

$$d_0 = \left| x_k \quad x_k e^{\frac{1}{2}\gamma_k i} \right|;$$

d l'unitaire $d = r^{-1} d_0 r$.

d est la matrice cherchée. En effet, $d^2 = c$. Reste à montrer que d est symétrique comme c.

De $c = r^{-1} c_0 r = c' = r' c_0 r'^{-1}$ on tire $c_0 = rr' c_0 (rr')^{-1}$; c_0 est échangeable à rr'. De même pour que d soit symétrique, il faut et il suffit que d_0 soit échangeable à rr'. Or toute matrice, par exemple rr', échangeable à c_0 est évidemment échangeable à d_0. Cela assure la symétrie de d.

C. Q. F. D.

40° Lemme. — *On peut, sans restreindre la généralité, faire* $\zeta = \omega^2$.

Dans la formule (33°) $B = L f L^{-1}$, il est licite, sans changer B, de remplacer L par LT, T étant une unitaire arbitraire échangeable à f. Alors $\zeta = L'L$ devient $T'\zeta T$. Je dis qu'on peut disposer de la matrice T de façon à faire $T'\zeta T = \omega^2$.

En effet, on a (36° et 38°)

$$T = \dot{\sum_\zeta} \begin{pmatrix} a_\zeta & o \\ o & b_\zeta \end{pmatrix} \dot{+} T_0,$$

$$\zeta = \dot{\sum_\zeta} \begin{pmatrix} o & g_\zeta \\ g'_\zeta & o \end{pmatrix} \dot{+} \tau_0 \qquad (\tau'_0 = \tau_0)$$

et, par un calcul facile,

$$T'\zeta T = \dot{\sum_\zeta} \begin{pmatrix} o & a'_\zeta g_\zeta b_\zeta \\ b'_\zeta g'_\zeta a_\zeta & o \end{pmatrix} \dot{+} T'_0 \tau_0 T_0.$$

Il faut donc faire

(1) $a'_\zeta g_\zeta b_\zeta = b'_\zeta g'_\zeta a_\zeta = E_\zeta$, (2) $T'_0 \tau_0 T_0 = E_0$,

puisque (37°)

$$\omega^2 = \dot{\sum_\zeta} \begin{pmatrix} o & E_\zeta \\ E_\zeta & o \end{pmatrix} \dot{+} E_0.$$

Comme les deux unitaires n_ζ-aires a_ζ et b_ζ sont arbitraires, il est facile d'en disposer pour satisfaire à la relation (1). Par exemple, on se donnera a_ζ et l'on prendra $b_\zeta = g_\zeta^{-1} a_\zeta'^{-1}$. La relation (2) s'écrit $\tau_0^{-1} = T_0 T'_0$. On disposera de l'unitaire arbitraire T_0 de façon à la rendre symétrique et l'on construira $T_0 = T'_0$ telle que $T_0^2 = \tau_0^{-1}$ par les procédés indiqués au lemme du 39°.

Le lemme du 40° est ainsi démontré.

41° L'égalité $\omega^2 = \zeta = L'L$ s'écrit

$$e_n = \omega^{-1}L'L\omega^{-1} = (L\omega^{-1})'L\omega^{-1}.$$

L'unitaire $U = L\omega^{-1}$ est orthogonale et, par suite, réelle. $L = U\omega$. Reprenons la matrice B du 33°. Il viendra

$$B = LfL^{-1} = U\omega f\omega^{-1}U^{-1};$$

$A = BW$ (33°) devient

$$A = U\omega f\omega^{-1}V, \qquad W = UV$$

(U, V = réelle orthogonale).

42° On a vu que

$$(36°) \qquad f = \dot{\sum_\zeta}\begin{pmatrix}\varphi_\zeta E_\zeta & 0\\ 0 & \varphi_\zeta^{-1}E_\zeta\end{pmatrix}\dot{+}E_0,$$

$$(37°) \qquad \omega = \dot{\sum_\zeta}\frac{j}{\sqrt{2}}\begin{pmatrix}E_\zeta & -iE_\zeta\\ -iF_\zeta & E_\zeta\end{pmatrix}\dot{+}E_0,$$

$$\varpi = \omega^{-1}.$$

Alors, par un calcul facile,

$$\omega f\omega^{-1} = \dot{\sum_\zeta}\frac{j}{\sqrt{2}}\begin{pmatrix}E_\zeta & -iE_\zeta\\ -iE_\zeta & E_\zeta\end{pmatrix}\begin{pmatrix}\varphi_\zeta E_\zeta & 0\\ 0 & \varphi_\zeta^{-1}E_\zeta\end{pmatrix}\frac{\bar{j}}{\sqrt{2}}\begin{pmatrix}E_\zeta & iF_\zeta\\ iE_\zeta & E_\zeta\end{pmatrix}\dot{+}E_0$$

$$= \dot{\sum_\zeta}\begin{pmatrix}\theta_\zeta E_\zeta & -i\eta_\zeta E_\zeta\\ i\eta_\zeta E_\zeta & \theta_\zeta E_\zeta\end{pmatrix}\dot{+}E_0,$$

où

$$\theta_\zeta = \frac{\varphi_\zeta + \varphi_\zeta^{-1}}{2}, \qquad \eta_\zeta = \frac{\varphi_\zeta^{-1} - \varphi_\zeta}{2}, \qquad \theta_\zeta^2 - \eta_\zeta^2 = 1.$$

43° Parmi les deux racines caractéristiques φ_ζ et φ_ζ^{-1} de la matrice f, on peut toujours désigner par φ_ζ celle qui est plus petite que l'unité, de façon que η_ζ soit positive. Alors les deux quantités θ_ζ et η_ζ se définissent mutuellement sans ambiguïté par la relation $\theta_\zeta^2 - \eta_\zeta^2 = 1$.

Pour θ_ζ donnée, φ_ζ et φ_ζ^{-1} sont les deux racines de

$$z^2 - 2\theta_\zeta z + 1 = 0;$$

on prendra pour φ_ζ la plus petite des deux racines. Donc *les θ_ζ et les φ_ζ se définissent mutuellement sans ambiguïté; les θ_ζ sont, comme les φ_ζ, $\varphi_\zeta < 1$, tous distincts.*

44° Désignons par Θ l'hermitienne ν-aire canonique

$$\Theta = \sum_\zeta^{\nu} \theta_\zeta E_\zeta,$$

par H l'hermitienne ν-aire canonique

$$H = \sum^{\nu} \eta_\zeta E_\zeta.$$

On aura

$$\Theta^2 - H^2 = e_\nu.$$

Il viendra (42°)

$$\Omega = \omega f \omega^{-1} = \sum_\zeta^{\nu} \begin{pmatrix} \theta_\zeta E_\zeta & 0 \\ 0 & \theta_\zeta E_\zeta \end{pmatrix} \dotplus E_0 + i \sum_\zeta^{\nu} \begin{pmatrix} 0 & -\eta_\zeta E_\zeta \\ \eta_\zeta E_\zeta & 0 \end{pmatrix}.$$

Transformant Ω par une réelle orthogonale qui se fond dans U et V, on écrira

$$\Omega = \Phi + i\Psi,$$

$$\Phi = \begin{pmatrix} \Theta & 0 & 0 \\ 0 & \Theta & 0 \\ 0 & 0 & E_0 \end{pmatrix}\begin{matrix} \nu \\ \nu \\ n_0 \end{matrix}, \qquad \Psi = \begin{pmatrix} 0 & -H & 0 \\ H & 0 & 0 \\ 0 & 0 & 0 \end{pmatrix}\begin{matrix} \nu \\ \nu \\ n_0 \end{matrix}.$$
$$\qquad \nu \quad \nu \quad n_0 \qquad\qquad\qquad \nu \quad \nu \quad n_0$$

L'hermitienne canonique Φ et l'hypohermitienne canonique Ψ^2, de rang 2ν, sont liées par la relation

$$\Phi^2 + \Psi^2 = e_n.$$

La n-aire Ψ est alternée.

On a (41°)

$$A = U\omega f \omega^{-1} V = U\Omega V = U(\Phi + i\Psi)V.$$

On posera, pour l'expression générale de l'orthogonale A,

$$A = P + iQ \quad \text{avec} \left\{ \begin{array}{l} P = U\Phi V, \\ Q = U\Psi V. \end{array} \right.$$

45° Appliquons à l'orthogonale

$$A = U\Omega V = U\omega f \omega^{-1} V$$

les considérations du Chapitre II (18° à 20°).

On voit de suite que, pour A donnée, les matrices f et Ω sont connues sans ambiguïté. En effet

$$A\bar{A}' = U\omega f^2 \omega^{-1} U'.$$

L'hermitienne f^2 est la forme canonique de $A\bar{A}$, etc.

Il n'en est pas de même pour le couple (U, V) de réelles orthogonales associées.

Supposons qu'on ait

$$A = U_1 \Omega V_1 = U_2 \Omega V_2,$$

d'où

$$U_1 \omega f \omega^{-1} V_1 = U_2 \omega f \omega^{-1} V_2; \qquad f = \omega^{-1} U'_1 U_2 \omega f \omega^{-1} V_2 V'_1 \omega$$

et (20°)

$$\omega^{-1} U'_1 U_2 \omega \omega^{-1} V_2 V'_1 \omega = e_n,$$

c'est-à-dire

$$U_1 V_1 = U_2 V_2;$$

$$\omega^{-1} U'_1 U_2 \omega = T \text{ — unitaire échangeable à } f,$$

$$U_2 = U_1 \mathfrak{F}, \qquad \mathfrak{F} = \omega T \omega^{-1} \quad \text{et} \quad V_2 = \mathfrak{F}^{-1} V_1.$$

$\mathfrak{F}$ est échangeable à Ω puisque T est échangeable à f.

En résumé on trouve un résultat tout à fait analogue à celui du 20°.

46° Il est facile de construire la matrice $\mathfrak{F}$. Prenons T sous la forme du 36°,

$$T = \dot{\sum_i} \begin{pmatrix} a_i & 0 \\ 0 & b_i \end{pmatrix} \dotplus T_0.$$

La matrice

$$\mathfrak{I} = \omega T \omega^{-1} = U'_1 U_2 = \text{réelle},$$

donc

$$\bar{\mathfrak{I}} = \omega^{-1} \bar{T} \omega = \omega T \omega^{-1}; \qquad \bar{T} = \omega^2 T \omega^2$$

et (37°)

$$\bar{T} = \dot{\sum_{\zeta}} \begin{pmatrix} \bar{a}_\zeta & 0 \\ 0 & \bar{b}_\zeta \end{pmatrix} \dot{+} \bar{T}_0 = \dot{\sum_{\zeta}} \begin{pmatrix} b_\zeta & 0 \\ 0 & a_\zeta \end{pmatrix} \dot{+} T_0,$$

$$b_\zeta = \bar{a}_\zeta, \qquad T_0 = \text{réelle};$$

$$\mathfrak{I} = \omega T \omega^{-1} = \dot{\sum_{\zeta}} \frac{j}{\sqrt{2}} \begin{pmatrix} E_\zeta & -iE_\zeta \\ -iE_\zeta & E_\zeta \end{pmatrix} \begin{pmatrix} a_\zeta & 0 \\ 0 & \bar{a}_\zeta \end{pmatrix} \frac{j^{-1}}{\sqrt{2}} \begin{pmatrix} E_\zeta & iE_\zeta \\ iE_\zeta & E_\zeta \end{pmatrix} \dot{+} T_0$$

$$= \dot{\sum} \begin{pmatrix} \dfrac{a_\zeta + \bar{a}_\zeta}{2} & i\,\dfrac{a_\zeta - \bar{a}_\zeta}{2} \\ i\,\dfrac{\bar{a}_\zeta - a_\zeta}{2} & \dfrac{a_\zeta + \bar{a}_\zeta}{2} \end{pmatrix} \dot{+} T_0.$$

Posons $a_\zeta = c_\zeta + i d_\zeta$, où c_ζ et d_ζ sont des matrices n_ζ-aires réelles. La condition d'unitarité

$$a_\zeta \bar{a}'_\zeta = (c_\zeta + i d_\zeta)(c'_\zeta - i d'_\zeta) = c_\zeta c'_\zeta + d_\zeta d'_\zeta + i(d_\zeta c'_\zeta - c_\zeta d'_\zeta) = E'_\zeta,$$

c'est-à-dire

$$E_\zeta = c_\zeta c'_\zeta + d_\zeta d'_\zeta, \qquad 0 = d_\zeta c'_\zeta - c_\zeta d'_\zeta.$$

Alors

$$\mathfrak{I} = \dot{\sum_{\zeta}} \begin{pmatrix} c_\zeta & -d_\zeta \\ d_\zeta & c_\zeta \end{pmatrix} \dot{+} T_0 = \text{réelle orthogonale.}$$

47° Par analogie avec le 44°, on pourra écrire

$$\mathfrak{I} = \begin{pmatrix} C & -D & 0 \\ D & C & 0 \\ 0 & 0 & T_0 \end{pmatrix} \begin{matrix} \nu \\ \nu \\ n_0 \end{matrix} \quad \left(C = \dot{\sum_{\zeta}} c_\zeta, \quad D = \dot{\sum_{\zeta}} d_\zeta, \quad T_0 = \text{réelle orthogonale arbitraire} \right),$$
$$\qquad \nu \quad \nu \quad n_0$$

$$CC' + DD' = e_\nu, \qquad DC' = CD' \qquad (C \text{ et } D = \text{échangeables à } \Theta).$$

48° Tout le présent Chapitre peut se résumer dans le théorème unique que voici :

THÉORÈME. — *Toute orthogonale n-aire A peut se mettre sous la forme* $A = U\Omega V$, *où U et V désignent un couple (U, V) de réelles orthogonales* ASSOCIÉES, *tandis que la matrice* $\Omega = \Phi + i\Psi$, *avec* $(n = n_0 + 2\nu)$

$$\Phi = \begin{pmatrix} \Theta & 0 & 0 \\ 0 & \Theta & 0 \\ 0 & 0 & E_0 \end{pmatrix} \begin{matrix} \nu \\ \nu \\ n_0 \end{matrix}; \qquad \Psi = \begin{pmatrix} 0 & -H & 0 \\ H & 0 & 0 \\ 0 & 0 & 0 \end{pmatrix}$$

(H, Θ = hermitiennes ν-aires canoniques, avec $\Theta^2 - H^2 = e_\nu$, $E_0 = n_0$-aire unité).

Pour A donnée, Ω *est connue sans ambiguïté, mais il n'en est pas de même pour le couple* (U, V). *Si* (U, V) *est un pareil couple, tous les autres sont donnés par la formule* $(U\mathcal{J}, \mathcal{J}^{-1}V)$ *où* $\mathcal{J}$ *est une matrice réelle et orthogonale quelconque échangeable à* Ω.

L'expression de $\mathcal{J}$ *est*

$$\mathcal{J} = \begin{pmatrix} C & -D & 0 \\ D & C & 0 \\ 0 & 0 & \mathcal{J}_0 \end{pmatrix} \begin{matrix} \nu \\ \nu \\ n_0 \end{matrix} \qquad \begin{pmatrix} CC' + DD' = e_\nu, \quad DC' = CD'; \\ C, D = \text{échangeables à } \Theta; \\ \mathcal{J}_0 = \text{réelle orthogonale arbitraire} \end{pmatrix}.$$

49° Pouvant construire toutes les orthogonales complexes A, grâce aux procédés du présent Chapitre, nous sommes à même de construire, au Chapitre suivant, les matrices A qui sont semblables à une matrice réelle, la transformation étant une matrice donnée. On engendrera ainsi une classe de matrices réelles, les *lorentziennes*.

CHAPITRE V.

LORENTZIENNES.

50° Dans les recherches de Dynamique et de Physique mathématique (Einstein, Lorentz, Minkowski, Poincaré, etc.) qui se rattachent au *principe de relativité* (¹), on nomme *transformation lorentzienne* une substitution linéaire, réelle et quaternaire, qui, effectuée sur les quatre variables x, y, z, u, admet pour invariant absolu l'expression

$$x^2 + y^2 + z^2 - u^2.$$

Généralisant notablement cette définition, je dirai qu'une substitution n-aire, réelle, est *lorentzienne*, si, effectuée sur les n variables x_j ($j, k = 1, 2, \ldots, n$) elle admet pour invariant absolu l'expression

$$\mathcal{N} = \sum_{jk} \xi_{jk} x_j x_k,$$

où la matrice (ξ_{jk}) est réelle et invertible.

On sait d'ailleurs qu'effectuant un changement réel de variables on peut, sans restreindre la généralité, écrire

$$(\upsilon + \varpi = n)$$

$$\mathcal{N} = x_1^2 + \ldots + x_\upsilon^2 - x_{\upsilon+1}^2 - \ldots - x_n^2.$$

La *matrice lorentzienne*, objet du présent Chapitre, est celle qui correspond à une substitution lorentzienne.

(¹) *Voir*, par exemple; LAUE, *Das Relativitätsprinzip* (Vieweg et fils, éditeurs, Brunswick, 1911); A. BRILL, *Das Relativitätsprinzip. Eine Einführung in die Theorie* (Teubner, 1912).

51° Nommons G la n-aire

$$G = \begin{pmatrix} e_\upsilon & 0 \\ 0 & -e_\varpi \end{pmatrix}_{\varpi}^{\upsilon}, \\ \quad \upsilon \quad \varpi$$

$G(x; y) G(x, y)$ la forme bilinéaire correspondante. L'invariant $\mathfrak{X}$ sera

$$\mathfrak{X} = G(x, x) = \mathfrak{X}(x).$$

Théorème. — *Pour que la matrice* A *soit lorentzienne, il faut et il suffit qu'on ait* $A'GA = G$.

I. *La condition est nécessaire.* En effet, on a par hypothèse

$$G(x, x) = G(A[x], A[x]) = A'GA(x, x).$$

Si $K = A'GA - G$ est la matrice symétrique, différence des deux matrices symétriques G et $A'GA$, on a

$$K(x; x) = 0.$$

La matrice K est donc ou alternée (ce qui est absurde puisqu'elle est symétrique) ou identiquement nulle. Alors $G = A'GA$. C. Q. F. D.

II. *La condition est suffisante*, car, si elle est remplie, on a

$$G(x, y) = A'GA(x, y) = G(A[x], A[y]);$$
$$G(x, x) = \mathfrak{X}(x) = G(A[x], A[x]) = \mathfrak{X}(A[x]). \quad \text{C. Q. F. D.}$$

52° Nommons ε la matrice n-aire

$$\varepsilon = \begin{pmatrix} e_\upsilon & 0 \\ 0 & ie_\varpi \end{pmatrix} = e_\upsilon \dot{+} ie_\varpi.$$

On a $G = \varepsilon^2$.

De la relation $G = \varepsilon^2 = A'\varepsilon^2 A$ on tire

$$e_n = \varepsilon^{-1} A' \varepsilon . \varepsilon A \varepsilon^{-1} = (\varepsilon A \varepsilon^{-1})' \varepsilon A \varepsilon^{-1}.$$

La matrice $B = \varepsilon A \varepsilon^{-1}$ est orthogonale.

Ainsi, *pour avoir toutes les lorentziennes* A, *il suffit de construire toutes les matrices orthogonales* B, *qui, après transformation par la matrice* ε, *deviennent réelles.*

C'est ainsi que nous traiterons le problème, en utilisant, pour obtenir les orthogonales B, les résultats du Chapitre IV.

53° Avec les notations de ce Chapitre, on a (41°)

$$B = U\omega f \omega^{-1} V, \qquad A = \varepsilon^{-1} B \varepsilon = \overline{A} = \varepsilon \overline{B} \varepsilon^{-1}$$

et

$$\overline{B} = \varepsilon^2 B \varepsilon^2,$$

$$\overline{(U\omega f \omega^{-1} V)} = U\omega^{-1} f \omega V = \varepsilon^2 U \omega f \omega^{-1} V \varepsilon^2$$

$$f = \omega U' \varepsilon^2 U \omega . f . \omega^{-1} V \varepsilon^2 V' \omega^{-1}$$

et (20°)

$$e_n = \omega U' \varepsilon^2 U \omega . \omega^{-1} V \varepsilon^2 V' \omega^{-1},$$

c'est-à-dire

$$(1) \qquad \varepsilon^2 U V \varepsilon^2 = UV.$$

54° Toute matrice réelle

$$A = \begin{pmatrix} A_{11} & 0 \\ 0 & A_{22} \end{pmatrix} \begin{matrix} \upsilon \\ \varpi \end{matrix} \qquad (A_{11}, A_{22} = \text{orthogonales})$$
$$\qquad \upsilon \qquad \varpi$$

est lorentzienne. De pareilles matrices seront dites lorentziennes *banales*, parce que leur propriété est évidente.

Lemme. — *Pour qu'une orthogonale réelle* A *soit une banale, il faut et il suffit que* A *soit échangeable à* ε^2.

Posons

$$A = \begin{pmatrix} A_{11} & A_{12} \\ A_{21} & A_{22} \end{pmatrix} \begin{matrix} \upsilon \\ \varpi \end{matrix};$$
$$\qquad \upsilon \qquad \varpi$$

il viendra

$$\varepsilon^2 A \varepsilon^2 = \begin{pmatrix} A_{11} & -A_{12} \\ -A_{21} & A_{22} \end{pmatrix} = A.$$

Par suite,

$$o = A_{12} = A_{21}, \qquad A_{11}, A_{22} = \text{orthogonales},$$

A est bien une lorentzienne banale.

55° La relation (1) du 53° montre que l'orthogonale réelle $W = UV$ est une banale. On a

$$B = U\omega f\omega^{-1}U^{-1}W.$$

La lorentzienne $A = \varepsilon^{-1}B\varepsilon$ devient, puisque ε est évidemment échangeable à la banale W,

$$A = \varepsilon^{-1}U\omega f\omega^{-1}U^{-1}\varepsilon W.$$

Comme les lorentziennes forment un groupe, les deux matrices A et $C = AW^{-1}$ sont lorentziennes simultanément.

Par suite, il suffira, dans la présente théorie, de n'introduire que les orthogonales

$$D = U\omega f\omega^{-1}U^{-1}.$$

56° Eu égard aux résultats du Chapitre IV, on écrira

$$D = P + iQ = U(\Phi_0 + i\Psi_0)U^{-1} = U\Phi_0U^{-1} + iU\Psi_0U^{-1},$$

où (¹) (48°)

$$\Phi_0 = \begin{pmatrix} \Theta & o & o \\ o & \Theta & o \\ o & o & E_0 \end{pmatrix}, \qquad \Psi_0 = \begin{pmatrix} o & -H & o \\ H & o & o \\ o & o & o \end{pmatrix}.$$

La relation $\Theta^2 - H^2 = e_v$ entraîne la relation

$$(1) \qquad P^2 + Q^2 = \Phi_0^2 + \Psi_0^2 = e_n.$$

57° Je me propose de prouver qu'on a

$$D = L(\Phi + i\Psi)M,$$

où L et M sont des banales, tandis que la matrice $\Phi + i\Psi$ a une certaine expression que je définirai plus loin.

(¹) Je désigne par Φ_0 et Ψ_0 les matrices que j'ai désignées au Chapitre IV par Φ et Ψ, parce que Φ et Ψ seront le nom de matrices un peu différentes introduites plus bas.

Il est évident qu'*au cours du raisonnement, il est licite et indifférent de multiplier* D, *devant ou derrière, par des banales quelconques.*

58° On a (56°) $D = P + iQ$; la lorentzienne $C = \varepsilon^{-1} D \varepsilon$ est réelle.

$$\bar{C} = \varepsilon \bar{D} \varepsilon^{-1} = C = \varepsilon^{-1} D \varepsilon, \qquad \bar{D} = \varepsilon^2 D \varepsilon^2;$$

$$\varepsilon^2 (P + iQ) \varepsilon^2 = P - iQ;$$

$$(1) \qquad P = \varepsilon^2 P \varepsilon^2, \qquad Q = -\varepsilon^2 Q \varepsilon^2.$$

Si l'on pose

$$P = \begin{pmatrix} P_{11} & P_{12} \\ P_{21} & P_{22} \end{pmatrix} \begin{matrix} \upsilon \\ \varpi \end{matrix}, \qquad Q = \begin{pmatrix} Q_{11} & Q_{12} \\ Q_{21} & Q_{22} \end{pmatrix},$$
$$\qquad \upsilon \qquad \varpi$$

il viendra

$$\varepsilon^2 P \varepsilon^2 = \begin{pmatrix} P_{11} & -P_{12} \\ -P_{21} & P_{22} \end{pmatrix}, \qquad \varepsilon^2 Q \varepsilon^2 = \begin{pmatrix} Q_{11} & -Q_{12} \\ -Q_{21} & Q_{22} \end{pmatrix},$$

et, en vertu des relations (1),

$$(2) \quad \begin{cases} P_{12} = P_{21} = 0, & P = \begin{pmatrix} P_{11} & 0 \\ 0 & P_{22} \end{pmatrix} = P_{11} \dotplus P_{22}; \\ Q_{11} = Q_{22} = 0, & Q = \begin{pmatrix} 0 & Q_{12} \\ Q_{21} & 0 \end{pmatrix}. \end{cases}$$

$Q = U \Psi_0 U'$ (56°); Q est alternée comme Ψ_0, donc

$$Q_{21} = -Q'_{12}.$$

59° La matrice $P = U \Phi_0 U'$, transformée de l'hermitienne canonique Φ_0 par la réelle et orthogonale U', est une hermitienne réelle. Chacune des deux matrices υ-aire P_{11} et ϖ-aire P_{22} est une hermitienne réelle et admet une canonisante réelle et orthogonale R_{11} et R_{22}, respectivement υ-aire et ϖ-aire. La n-aire $R = R_{11} \dotplus R_{22}$ est une banale, canonisante de P. Transformant, ce qui est licite et indifférent (57°), la matrice D par R, on peut supposer P_{11} et P_{22} canoniques et écrire

$$P_{11} = \begin{pmatrix} e_{\upsilon'} & 0 \\ 0 & p_{11} \end{pmatrix} \begin{matrix} \upsilon' \\ \upsilon - \upsilon' \end{matrix}, \qquad P_{22} = \begin{pmatrix} p_{22} & 0 \\ 0 & e_{\varpi'} \end{pmatrix} \begin{matrix} \varpi - \varpi' \\ \varpi' \end{matrix},$$
$$\upsilon' \quad \upsilon - \upsilon' \qquad\qquad \varpi - \varpi' \quad \varpi'$$

si P_{11} et P_{22} admettent respectivement υ' et ϖ' racines caractéristiques égales à l'unité; p_{11} et p_{22} sont canoniques.

60° Reprenons la relation (1) du 56°

$$e_n = P^2 + Q^2,$$

avec, dans le cas actuel, eu égard à 58°,

$$P^2 = \begin{pmatrix} e_{\upsilon'} & 0 & 0 & 0 \\ 0 & p_{11}^2 & 0 & 0 \\ 0 & 0 & p_{22}^2 & 0 \\ 0 & 0 & 0 & e_{\varpi'} \end{pmatrix} \begin{matrix} \upsilon' \\ \upsilon - \upsilon' \\ \varpi - \varpi' \\ \varpi' \end{matrix},$$
$$\upsilon' \quad \upsilon - \upsilon' \quad \varpi - \varpi' \quad \varpi'$$

$$Q^2 = \begin{pmatrix} 0 & Q_{12} \\ -Q'_{12} & 0 \end{pmatrix}^2 = -\begin{pmatrix} Q_{12}Q'_{12} & 0 \\ 0 & Q'_{12}Q_{12} \end{pmatrix} \begin{matrix} \upsilon \\ \varpi \end{matrix}.$$

L'identification de Q^2 avec $e_n - P^2$ donne

$$Q_{12}Q'_{12} = \begin{pmatrix} e_{\upsilon'} & 0 \\ 0 & p_{11}^2 \end{pmatrix} - \begin{pmatrix} e_{\upsilon'} & 0 \\ 0 & e_{\upsilon-\upsilon'} \end{pmatrix} = \begin{pmatrix} 0 & 0 \\ 0 & p_{11}^2 - e_{\upsilon-\upsilon'} \end{pmatrix},$$

$$Q'_{12}Q_{12} = \begin{pmatrix} p_{22}^2 & 0 \\ 0 & e_{\varpi'} \end{pmatrix} - \begin{pmatrix} e_{\varpi-\varpi'} & 0 \\ 0 & e_{\varpi'} \end{pmatrix} = \begin{pmatrix} p_{22}^2 - e_{\varpi-\varpi'} & 0 \\ 0 & 0 \end{pmatrix}.$$

61° D'après les théories du Chapitre III (27° et aussi 15°) les deux hypohermitiennes réelles $Q_{12}Q'_{12}$ et $Q'_{12}Q_{12}$ ont même rang h. Comme $p_{11}^2 - e_{\upsilon-\upsilon'}$ et $p_{22}^2 - e_{\varpi-\varpi'}$ sont invertibles, il vient

$$h = \upsilon - \upsilon' = \varpi - \varpi', \qquad \upsilon' = \upsilon - h, \qquad \varpi' = \varpi - h.$$

P_1 ou Ψ'_0, a n_0 racines caractéristiques égales à 1, P_{11} en a υ', P_{22} en a ϖ'; donc

$$n_0 = \upsilon' + \varpi' = \upsilon + \varpi - 2h = n - 2h, \qquad 2h = n - n_0 = 2\nu.$$

puisque $n = n_0 = 2\nu$ (34°). Bref $h = \nu$. Enfin, $\upsilon' = \upsilon - \nu$, $\varpi' = \varpi - \nu$.

$$Q_{12}Q'_{12} = \begin{pmatrix} 0 & 0 \\ 0 & p_{11}^2 - e_\nu \end{pmatrix}\begin{matrix}\upsilon-\nu \\ \nu\end{matrix}, \quad Q'_{12}Q_{12} = \begin{pmatrix} p_{22}^2 - e_\nu & 0 \\ 0 & 0 \end{pmatrix}\begin{matrix}\nu \\ \varpi-\nu\end{matrix}.$$
$$\qquad\quad \upsilon-\nu \quad \nu \qquad\qquad\qquad\qquad \nu \quad \varpi-\nu$$

62° En raisonnant d'une façon analogue à celle du 15°, on voit que le Tableau (υ, ϖ)-aire Q_{12} a ses $\upsilon - \nu$ premières lignes composées de zéros. On écrira

$$Q_{12} = \begin{pmatrix} 0 & 0 \\ c & d \end{pmatrix}\begin{matrix}\upsilon-\nu \\ \nu\end{matrix}, \quad Q'_{12} = \begin{pmatrix} 0 & c' \\ 0 & d' \end{pmatrix}\begin{matrix}\nu \\ \varpi-\nu\end{matrix},$$
$$\qquad \nu \quad \varpi-\nu \qquad\qquad\qquad \upsilon-\nu \quad \nu$$

$$Q_{12}Q'_{12} = \begin{pmatrix} 0 & 0 \\ 0 & cc' + dd' \end{pmatrix}\begin{matrix}\upsilon-\nu \\ \nu\end{matrix}, \quad Q'_{12}Q_{12} = \begin{pmatrix} c'c & c'd \\ d'c & d'd \end{pmatrix}\begin{matrix}\nu \\ \varpi-\nu\end{matrix}.$$
$$\qquad \upsilon-\nu \quad \nu \qquad\qquad\qquad \nu \quad \varpi-\nu$$

Par suite :

$$cc' + dd' = p_{11}^2 - e_\nu, \qquad 0 = c'd = d'c = d'd, \qquad c'c = p_{22}^2 - e_\nu.$$

L'hypohermitienne $(\varpi - \nu)$-aire $d'd$ a le rang zéro; il en est de même pour le Tableau d; donc $d = 0$. Il reste finalement

$$(2) \qquad cc' = p_{11}^2 - e_\nu, \qquad c'c = p_{22}^2 - e_\nu.$$

63° Les deux hermitiennes ν-aires cc' et $c'c$ ont à elles deux précisément toutes les racines caractéristiques des deux matrices hermitiennes non distinctes $\Theta^2 - e_\nu$ et $\Theta^2 - e_\nu$. Cela tient (58° et 59°) à ce que la matrice P est semblable à la matrice Φ_0. Les deux hermitiennes cc' et $c'c$ sont semblables (16°); donc chacune possède toutes les racines caractéristiques de $\Theta^2 - e_\nu$ et est semblable à cette dernière. $cc' = p_{11}^2 - e_\nu$ et $\Theta^2 - e_\nu$ sont toutes deux canoniques et ne diffèrent que par l'ordre où sont écrits les coefficients. Changer cet ordre c'est faire intervenir une certaine banale, ce qui est permis (57°). On écrira donc

$$cc' = p_{11}^2 - e_\nu = \Theta^2 - e_\nu = p_{22}^2 - e_\nu,$$
$$\Theta^2 = p_{11}^2 = p_{22}^2.$$

Les trois hermitiennes Θ, p_{11}, p_{22} ayant leurs carrés identiques, sont identiques et

$$\Theta = p_{11} = p_{22}.$$

Alors

$$\mathrm{P} = \Phi = \begin{pmatrix} e_{\upsilon-\nu} & 0 & 0 & 0 \\ 0 & \Theta & 0 & 0 \\ 0 & 0 & \Theta & 0 \\ 0 & 0 & 0 & e_{\varpi-\nu} \end{pmatrix} \begin{matrix} \upsilon-\nu \\ \nu \\ \nu \\ \varpi-\nu \end{matrix} = e_{\upsilon-\nu} \dotplus \Theta \dotplus \Theta \dotplus e_{\varpi-\nu}.$$
$$\begin{matrix} \upsilon-\nu & \nu & \nu & \varpi-\nu \end{matrix}$$

64° Q prend alors la forme

$$\mathrm{Q} = \begin{pmatrix} 0 & 0 & 0 & 0 \\ 0 & 0 & c & 0 \\ 0 & -c' & 0 & 0 \\ 0 & 0 & 0 & 0 \end{pmatrix} \begin{matrix} \upsilon-\nu \\ \nu \\ \nu \\ \varpi-\nu \end{matrix},$$
$$\begin{matrix} \upsilon-\nu & \nu & \nu & \varpi-\nu \end{matrix}$$

avec

$$cc' = c'c = \Theta^2 - e_\nu = \mathrm{H}^2,$$

où H est l'hermitienne canonique $\mathrm{H} = (\Theta^2 - e_n)^{\frac{1}{2}}$ introduite au Chapitre IV.

Il vient alors

$$e_n = \mathrm{H}^{-1} cc' \mathrm{H}^{-1} = \mathrm{H}^{-1} c (\mathrm{H}^{-1} c)';$$

$\mathrm{H}^{-1} c = -w =$ réelle et orthogonale; $-c = \mathrm{H}w$. Puis $\mathrm{H}^2 = c'c = w'\mathrm{H}^2 w$. w est échangeable à H^2, et aussi (5°) à H et à Θ.

Considérons maintenant la banale

$$\mathrm{W} = e_{\upsilon-\nu} \dotplus w \dotplus e_\nu \dotplus e_{\varpi-\nu}.$$

On a

$$\mathrm{W}'\Phi\mathrm{W} = \Phi, \qquad \mathrm{W}'\mathrm{Q}\mathrm{W} = \Psi.$$

$$\Psi = \begin{pmatrix} 0 & 0 & 0 & 0 \\ 0 & 0 & -\mathrm{H} & 0 \\ 0 & \mathrm{H} & 0 & 0 \\ 0 & 0 & 0 & 0 \end{pmatrix}.$$

Transformons donc $P+iQ$ par la banale W (57°); on peut faire finalement

$$P=\Phi=\begin{pmatrix} e_{\upsilon-\nu} & 0 & 0 & 0 \\ 0 & \Theta & 0 & 0 \\ 0 & 0 & \Theta & 0 \\ 0 & 0 & 0 & e_{\varpi-\nu} \end{pmatrix}\begin{matrix} \upsilon-\nu \\ \nu \\ \nu \\ \varpi-\nu \end{matrix}, \qquad \begin{matrix} \upsilon-\nu & \nu & \nu & \varpi-\nu \end{matrix}$$

$$Q=\Psi=\begin{pmatrix} 0 & 0 & 0 & 0 \\ 0 & 0 & -H & 0 \\ 0 & H & 0 & 0 \\ 0 & 0 & 0 & 0 \end{pmatrix}.$$

65° Nous sommes maintenant à même de fournir la réponse au problème posé au 52°.

Toute orthogonale B qui devient réelle après transformation par la matrice ε, peut se mettre sous la forme

$$B=LSM,$$

où L et M sont deux lorentziennes banales et S est la matrice $S=\Phi+i\Psi$ du 64°. Toute lorentzienne A peut se mettre sous la forme

$$A=\varepsilon^{-1}B\varepsilon=\varepsilon^{-1}LSM\varepsilon=L\varepsilon^{-1}S\varepsilon M=LFM=L(\Phi+\Psi)M.$$

66° La proposition suivante résume tout le présent Chapitre.

Théorème. — *L'expression générale d'une lorentzienne A est $A=LFM$, où L et M sont deux lorentziennes banales, tandis que F désigne la matrice*

$$F=\begin{pmatrix} e_{\upsilon-\nu} & 0 & 0 & 0 \\ 0 & \Theta & H & 0 \\ 0 & H & \Theta & 0 \\ 0 & 0 & 0 & e_{\varpi-\nu} \end{pmatrix}\begin{matrix} \upsilon-\nu \\ \nu \\ \nu \\ \varpi-\nu \end{matrix}, \qquad \begin{matrix} \upsilon-\nu & \nu & \nu & \varpi-\nu \end{matrix}$$

Θ et H étant deux ν-aires *hermitiennes canoniques avec* $\Theta^2-H^2=e_\nu$.

67° La matrice $S = \Phi + i\Psi$ du 65° n'est pas autre chose que la matrice $R^{-1}\Omega R$, où $\Omega = \omega f \omega^{-1}$, du Chapitre IV et R est la réelle orthogonale qui transforme

$$\begin{array}{c} \left(\begin{array}{ccc} \Theta & 0 & 0 \\ 0 & \Theta & 0 \\ 0 & 0 & E_0 \end{array}\right)\begin{array}{c} \nu \\ \nu \\ n_0 \end{array} \\ \begin{array}{ccc} \nu & \nu & n_0 \end{array} \end{array} \quad \text{en} \quad \begin{array}{c} \left(\begin{array}{cccc} e_{\upsilon-\nu} & 0 & 0 & 0 \\ 0 & \Theta & 0 & 0 \\ 0 & 0 & \Theta & 0 \\ 0 & 0 & 0 & 0 \end{array}\right)\begin{array}{c} \upsilon-\nu \\ \nu \\ \nu \\ \varpi-\nu \end{array} \\ \begin{array}{cccc} \upsilon-\nu & \nu & \nu & \varpi-\nu \end{array} \end{array}$$

et

$$\begin{array}{c} \left(\begin{array}{ccc} 0 & -H & 0 \\ H & 0 & 0 \\ 0 & 0 & 0 \end{array}\right)\begin{array}{c} \nu \\ \nu \\ n_0 \end{array} \\ \begin{array}{ccc} \nu & \nu & n_0 \end{array} \end{array} \quad \text{en} \quad \begin{array}{c} \left(\begin{array}{cccc} 0 & 0 & 0 & 0 \\ 0 & 0 & -H & 0 \\ 0 & H & 0 & 0 \\ 0 & 0 & 0 & 0 \end{array}\right)\begin{array}{c} \upsilon-\nu \\ \nu \\ \nu \\ \varpi-\nu \end{array} \\ \begin{array}{cccc} \upsilon-\nu & \nu & \nu & \varpi-\nu \end{array} \end{array}.$$

Il vient donc

$$A = \varepsilon^{-1}B\varepsilon = L\varepsilon^{-1}S\varepsilon M = L\varepsilon^{-1}R^{-1}\omega f\omega^{-1}R\varepsilon M = L\Gamma^{-1}f\Gamma M = LFM.$$

En vertu des théories du Chapitre II, pour A donnée, f et F sont connues sans ambiguïté.

Il n'en est pas de même du couple (L, M) des deux banales associées. Supposons qu'on ait

$$A = L_1 F M_1 = L_2 F M_2$$

ou

$$L_1\Gamma^{-1}f\Gamma M_1 = L_2\Gamma^{-1}f\Gamma M_2,$$

c'est-à-dire

$$f = \Gamma L_1^{-1}L_2\Gamma^{-1}f\Gamma M_2 M_1^{-1}\Gamma^{-1}.$$

De là, en vertu de 20°,

$$L_1 M_1 = L_2 M_2, \qquad \Gamma L_1^{-1}L_2\Gamma^{-1} = T = \text{unitaire échangeable à } f;$$
$$L_2 = L_1\mathcal{J}, \qquad \mathcal{J} = \Gamma^{-1}T\Gamma = \text{banale échangeable à F}.$$

La formule générale des couples est, un des couples étant (L, M),

$$(L\mathcal{J}, \mathcal{J}^{-1}M).$$

Ce résultat est tout à fait analogue à ceux des Chapitres précédents.

68° Passons à la lorentzienne ordinaire ou quaternaire, $n = 4$. L'invariant absolu $\aleph$ du 50° est

$$x^2 + y^2 + z^2 - u^2, \qquad \upsilon = 3; \qquad \varpi = 1.$$

L'entier ν qui ne peut dépasser ni υ ni ϖ est $\nu = 1$, d'où $\eta_0 = 2$. Enfin $\upsilon - \nu = 2$. De là

$$P = \begin{pmatrix} 1 & 0 & 0 & 0 \\ 0 & 1 & 0 & 0 \\ 0 & 0 & \theta & \eta \\ 0 & 0 & \eta & \theta \end{pmatrix} \qquad (\theta^2 - \eta^2 = 1).$$

Posant

$$\theta = k, \qquad \eta = kq, \qquad k = \frac{1}{\sqrt{1-q^2}},$$

on retombe précisément sur la formule (16a), page 9 du Mémoire de M. Brill, cité au 50°.

69° On vient de voir aux Chapitres IV et V qu'en multipliant certaines matrices, devant et derrière, par des réelles et orthogonales, convenablement choisies, on amenait ces matrices à une forme très simple. Le même procédé de réduction va, au Chapitre suivant, être appliqué aux matrices unitaires.

CHAPITRE VI.

UNITAIRES.

70° Je me propose d'établir la proposition suivante, entièrement analogue à celle du 13°.

Théorème. — *Toute unitaire* A *peut être mise sous la forme* A = LFM, *où* L *et* M *sont des réelles orthogonales, tandis que* F *est une unitaire canonique.*

Comme au 14°, il est licite et indifférent de multiplier, devant ou derrière, soit l'unitaire A, soit la canonique F par des réelles orthogonales qui se fonderont dans L ou M.

Le raisonnement est tout à fait analogue à ceux des Chapitres I et II. On aura soin de désigner par les mêmes notations les formations analogues.

71° Soit une canonique

$$F = \dot{\sum_k} \rho_k e^{i\alpha_k} e_1 \qquad (k = 1, 2, \ldots, n);$$

on a

$$F\overline{F} = \dot{\sum_k} \rho_k^2 e_1 = e_n \qquad (\rho_k = 1);$$

$$F = f + ih, \qquad f = \dot{\sum_k} \cos\alpha_k e_1, \qquad h = \dot{\sum_k} \sin\alpha_k e_1.$$

Supposons que, pour r des arcs α_k, $\cos\alpha_k = 0$, et que, pour

s des arcs α_k, $\sin\alpha_k = 0$. Si $\varpi + r + s = n$, on peut écrire

$$f = \begin{pmatrix} 0 & 0 & 0 \\ 0 & g_s & 0 \\ 0 & 0 & \varphi \end{pmatrix}\begin{matrix} r \\ s, \\ \varpi \end{matrix} \qquad h = \begin{pmatrix} l_r & 0 & 0 \\ 0 & 0 & 0 \\ 0 & 0 & \psi \end{pmatrix}\begin{matrix} r \\ s, \\ \varpi \end{matrix}$$
$$\quad r \quad s \quad \varpi \qquad\qquad r \quad s \quad \varpi$$

où φ et ψ sont deux canoniques telles que $\varphi^2 + \psi^2 = e_\varpi$, tandis que l_r et g_s sont des réelles et orthogonales canoniques (n'ayant pour racines caractéristiques que ± 1). Nommons g et l les réelles orthogonales n-aires

$$g = e_r \dot{+} g_s \dot{+} e_\varpi, \qquad l = l_r \dot{+} e_s \dot{+} e_\varpi,$$

et remplaçons (70°) F par $g^{-1}Fl^{-1}$. Cela revient à faire $l_r = e_r$, $g_s = e_s$. Enfin l'intervention encore d'une réelle orthogonale canonique permettra de supposer positifs tous les éléments de la canonique φ.

72° En résumé, nous prendrons pour F la canonique

$$F = \dot{\sum_k} e_1 e^{i\alpha_k} = f + ih = \dot{\sum_k} e_1 \cos\alpha_k + i \dot{\sum_k} e_1 \sin\alpha_k,$$

avec

$$\cos\alpha_k > 0, \quad \text{si } \cos\alpha_k \neq 0;$$
$$\sin\alpha_k = 1, \quad \text{si } \cos\alpha_k = 0$$
$$(k = 1, 2, \ldots, n).$$

73° Les n quantités $e^{i\alpha_k}$ peuvent se réduire à ν distinctes F_ζ ($\zeta, \eta = 1, 2, \ldots, \nu$). On écrira (*voir* 1°)

$$F = \dot{\sum_\zeta} F_\zeta E_\zeta, \qquad E_\zeta = n_\zeta\text{—aire unité},$$

$$\sum_{\zeta=1}^{\zeta=\nu} n_\zeta = n.$$

On a

$$F^2 = \dot{\sum_\zeta} F_\zeta^2 E_\zeta.$$

Je dis que *les nombres n_ζ sont les mêmes pour* F *et* F².

En effet, si $F_\zeta^2 = F_\eta^2$, on a, ou bien $F_\zeta = F_\eta$, ou bien $F_\eta = -F_\zeta$. Cette dernière supposition est absurde, car il viendrait

(1) $$\cos\alpha_k + i\sin\alpha_k = -\cos\alpha_{k'} - i\sin\alpha_{k'}.$$

Si $\cos\alpha_k \neq 0$, on aurait $\cos\alpha_k > 0$ et la condition (1) exigerait $\cos\alpha_{k'} < 0$, ce qui ne peut être (72°). Si $\cos\alpha_k = 0$, on aurait (72°) $\sin\alpha_k = 1$, $\sin\alpha_{k'} = -1$, ce qui est encore impossible. Les nombres n_ζ sont ainsi les mêmes pour F et F².

C. Q. F. D.

Résolvons maintenant les mêmes trois problèmes qu'au Chapitre I.

Premier problème. — *Construire la réelle orthogonale générale* T *échangeable à* F.

74° On a (73°)

$$F = \sum_\zeta^\bullet F_\zeta E_\zeta;$$

le même raisonnement qu'au 3° donnera

$$T = \sum_\zeta^\bullet T_\zeta, \qquad T_\zeta = \text{réelle orthogonale } n_\zeta\text{-aire}.$$

T ne dépend pas des coefficients F_ζ, mais seulement des nombres n_ζ, qui sont les mêmes pour F et F² (73°). Donc *les matrices* T *sont les mêmes pour* F *et* F².

Deuxième problème. — *Construire la réelle orthogonale générale* G *telle que* F = GFG.

75° Remarquons que les matrices G et $T^{-1}GT$ répondent simultanément à la question. Il est licite et indifférent de transformer G par une matrice T quelconque.

76° Posons $G = HF^{-1}$, d'où

$$F = GFG = HF^{-1}.F.HF^{-1}, \qquad H^2 = F^2.$$

H est (*voir* le même raisonnement au 6°) échangeable à H^2, à F^2 et (74°) à F. G est échangeable à F. On a aussi

$$F = GFG', \qquad G' = G^{-1} = G.$$

La réelle et orthogonale G est symétrique et canonisable (25°) et admet une canonisante réelle et orthogonale. Il en est de même (si l'on écrit $G = \dot{\sum_\zeta} G_\zeta$, $G_\zeta = n_\zeta$-aire réelle et orthogonale symétrique) pour chacune des matrices G_ζ. Soit R_ζ une canonisante de G_ζ; la matrice

$$R = \dot{\sum_\zeta} R_\zeta$$

est une matrice T et, si l'on transforme (75°) G par R, on peut admettre que G est canonique

$$G = \dot{\sum_k} g_k e_1, \qquad g_k^2 = 1.$$

Ainsi *toute matrice* G *s'obtient en transformant, par les matrices* T, *une matrice* 𝔊 *réelle, orthogonale, canonique.*

TROISIÈME PROBLÈME. — *Construire les réelles orthogonales générales* L *et* M, *telles que* F = LFM.

77° Remarquons que, si L et M répondent à la question, il en est de même pour $T^{-1}LT$ et $T^{-1}MT$.

On a, par hypothèse,

$$F = LFM = (LFM)' = M'FL',$$
$$F = MLFML = GFG, \qquad G = ML;$$
$$\rho e_n - F = \rho e_n - M'FL' = M'(\rho G - F)L';$$
$$(1) \qquad |\rho e_n - F| = |\rho G - F|.$$

Il est licite de remplacer (76°) G par la réelle, orthogonale, canonique $\mathfrak{G}$. Il vient

$$\rho G - F = \sum_k^{\bullet} e_1(\rho g_k - \cos\alpha_k - i\sin\alpha_k)$$
$$(k = 1, 2, \ldots, n;\ g_k = \pm 1).$$

Si $g_k = -1$, F aurait, eu égard à la relation (1), une racine caractéristique $-\cos\alpha_k - i\sin\alpha_k$, ce qui est en contradiction avec 72°. Donc tous les g_k sont égaux à l'unité et $G = ML = e_n$. Alors

$$F = LFM = LFL^{-1}, \qquad L = T.$$

Ainsi *la condition* $F = LFM$ *entraîne* $M = L^{-1}$, $L = T$ = échangeable à F.

78° Nous sommes maintenant à même d'aborder la démonstration du théorème annoncé au 70°.

79° Soit $A = p + iq$ une unitaire quelconque, où p et q sont réelles. Eu égard aux explications du Chapitre III et multipliant (70°) A, devant et derrière, par des réelles orthogonales, on peut, sans restreindre la généralité, supposer que p est une hypohermitienne canonique. Il vient alors $\overline{A}' = p - iq'$, puisque $p' = p$; par unitarité on a

$$e_n = A\overline{A}' = (p + iq)(p - iq') = p^2 + qq' + i(qp - pq'),$$
$$e_n = \overline{A}'A = (p - iq')(p + iq) = p^2 + q'q + i(pq - q'p),$$

c'est-à-dire

$$e_n = p^2 + qq' = p^2 + q'q, \qquad 0 = qp - pq' = pq - q'p$$

ou

$$(1) \qquad qq' = q'q = e_n - p^2, \qquad pq = q'p, \qquad qp = pq'.$$

80° Supposons que p possède $n - r$ racines caractéristiques égales à l'unité. On écrira

$$p = \begin{pmatrix} l & 0 \\ 0 & e_{n-r} \end{pmatrix}\begin{matrix} r \\ n-r \end{matrix}, \qquad qq' = q'q = \begin{pmatrix} m^2 & 0 \\ 0 & 0 \end{pmatrix}\begin{matrix} r \\ n-r \end{matrix},$$
$$\qquad r \quad n-r \qquad\qquad\qquad\qquad r \quad n-r$$

m^2 étant l'hermitienne r-aire canonique $e_r - l^2$; d'ailleurs $e_r - l^2$ est inversible et hermitienne, puisque $qq' = q'q$ = hypohermitienne. Ainsi $l^2 + m^2 = e_r$.

81° Raisonnant comme au Chapitre III (27°), on voit que q a ses $n - r$ dernières lignes composées de zéros,

$$q = \underset{r \quad n-r}{\begin{pmatrix} c & d \\ o & o \end{pmatrix}}\begin{matrix} r \\ n-r \end{matrix}, \qquad q' = \begin{pmatrix} c' & o \\ d' & o \end{pmatrix},$$

$$qq' = \begin{pmatrix} cc' + dd' & o \\ o & o \end{pmatrix} = q'q = \begin{pmatrix} c'c & c'd \\ d'c & d'd \end{pmatrix}.$$

L'hypohermitienne $d'd$ étant nulle a le rang zéro. D'après les théories du Chapitre III, le Tableau d a le rang zéro et $d = o$. Alors

$$cc' = c'c = m^2, \qquad m^{-1}cc'm^{-1} = m^{-1}c(m^{-1}c)' = e_r,$$
$$m^{-1}c = w = r\text{-aire réelle et orthogonale.}$$

Puis

$$c = mw, \qquad c' = w'm, \qquad m^2 = c'c = w'm^2w;$$

w est échangeable à m^2, à $l^2 = e_r - m^2$, à m et à l.

Il vient ainsi

$$p = \underset{r \quad n-r}{\begin{pmatrix} l & o \\ o & e_{n-r} \end{pmatrix}}\begin{matrix} r \\ n-r \end{matrix}, \qquad q = \underset{r \quad n-r}{\begin{pmatrix} mw & o \\ o & o \end{pmatrix}}\begin{matrix} r \\ n-r \end{matrix}.$$

82° Les conditions (1) d'unitarité au 79° donnent encore

$$pq = \begin{pmatrix} lmw & o \\ o & o \end{pmatrix} = q'p = \begin{pmatrix} w'ml & o \\ o & o \end{pmatrix},$$

$$qp = \begin{pmatrix} lmw & o \\ o & o \end{pmatrix} = pq' = \begin{pmatrix} lmw' & o \\ o & o \end{pmatrix},$$

ou simplement $lmw = lmw'$. Comme m est invertible, il reste $lw = w'l$ et

$$(1) \qquad l = w'lw.$$

83° La construction de la r-aire réelle et orthogonale w, qui satisfasse à la relation (1), est un problème entièrement analogue à celui du 7° et, dans le réel, à celui du 25°. Si l'on pose

$$l = \underset{r' \quad r-r'}{\begin{pmatrix} \lambda & 0 \\ 0 & 0 \end{pmatrix}}\begin{matrix} r' \\ r-r' \end{matrix}, \quad |\lambda| \neq 0,$$

on aura

$$w = D^{-1}\mathfrak{W}D,$$

où $D = r$-aire réelle et orthogonale échangeable à l et à m, tandis que

$$\mathfrak{W} = \underset{r' \quad r-r'}{\begin{pmatrix} g & 0 \\ 0 & \mathfrak{W}_2 \end{pmatrix}}\begin{matrix} r' \\ r-r' \end{matrix},$$

$\mathfrak{W}_2 = (r-r')$-aire réelle et orthogonale quelconque,
$g = r'$-aire, réelle, orthogonale canonique, $g^2 = e_{r'}$.

La substitution g est

$$g = |x_\tau \quad x_\tau g_\tau|, \qquad g_\tau^2 = 1 \qquad (\tau = 1, 2, \ldots, r').$$

Alors

$$p = \begin{pmatrix} l & 0 \\ 0 & e_{n-r} \end{pmatrix}, \qquad q = \begin{pmatrix} mD^{-1}\mathfrak{W}D & 0 \\ 0 & 0 \end{pmatrix}.$$

Transformons (ce qui est licite) l'unitaire $A = p + iq$ par la réelle et orthogonale

$$\Delta = D \dotplus e_{n-r}.$$

Il viendra

$$p = \begin{pmatrix} l & 0 \\ 0 & e_{n-r} \end{pmatrix}, \qquad q = \begin{pmatrix} m\mathfrak{W} & 0 \\ 0 & 0 \end{pmatrix},$$

ou encore

$$p = \underset{r' \quad r-r' \quad n-r}{\begin{pmatrix} \lambda & 0 & 0 \\ 0 & 0 & 0 \\ 0 & 0 & e_{n-r} \end{pmatrix}}\begin{matrix} r' \\ r-r' \\ n-r \end{matrix}, \quad q = \underset{r' \quad r-r' \quad n-r}{\begin{pmatrix} \mu g & 0 & 0 \\ 0 & \mathfrak{W}_2 & 0 \\ 0 & 0 & 0 \end{pmatrix}}\begin{matrix} r' \\ r-r' \\ n-r \end{matrix},$$

$$\lambda^2 + \mu^2 = e_r, \qquad m = \mu \dotplus e_{r-r'}.$$

Multiplions, à droite, p et q par la n-aire réelle et orthogonale

$$e_{r'} \dotplus \varpi_2^{-1} \dotplus e_{n-r}.$$

Il viendra

$$p=\begin{pmatrix} \lambda & 0 & 0 \\ 0 & 0 & 0 \\ 0 & 0 & e_{n-r} \end{pmatrix}, \quad q=\begin{pmatrix} \mu g & 0 & 0 \\ 0 & e_{r-r'} & 0 \\ 0 & 0 & 0 \end{pmatrix}.$$

La r'-aire $\mu g = g\mu$ est canonique comme μ et s'obtient en changeant le signe de quelques-uns des r' coefficients de μ.

On écrira donc, en vertu de la relation $\lambda^2+\mu^2=e_{r'}$,

$$\lambda = \dot{\sum_\rho} e_1 \cos\alpha_\rho, \qquad g\mu = \dot{\sum_\rho} e_1 \sin\alpha_\rho$$
$$(\rho = 1, 2, \ldots, r';\ \cos\alpha_\rho > 0).$$

84° On peut écrire (ce qui revient à transformer p et q par une même orthogonale réelle)

$$p=\begin{pmatrix} 0 & 0 & 0 \\ 0 & e_{n-r} & 0 \\ 0 & 0 & \lambda \end{pmatrix}\begin{matrix} r-r' \\ n-r, \\ r' \end{matrix} \quad q=\begin{pmatrix} e_{r-r'} & 0 & 0 \\ 0 & 0 & 0 \\ 0 & 0 & \mu g \end{pmatrix}.$$
$$\begin{matrix} r-r' & n-r & r' \end{matrix}$$

On est ramené ainsi, aux notations près, aux deux matrices f et h du 71°, savoir :

$$f=\begin{pmatrix} 0 & 0 & 0 \\ 0 & e_s & 0 \\ 0 & 0 & \varphi \end{pmatrix}\begin{matrix} r \\ s, \\ \varpi \end{matrix} \quad h=\begin{pmatrix} e_r & 0 & 0 \\ 0 & 0 & 0 \\ 0 & 0 & \psi \end{pmatrix}\begin{matrix} r \\ s, \\ \varpi \end{matrix}$$
$$\begin{matrix} r & s & \varpi \end{matrix} \qquad \begin{matrix} r & s & \varpi \end{matrix}$$

$r+s+\varpi=n$, $\varphi^2+\psi^2=e_\varpi$, $\varphi=$ hermitienne canonique ϖ-aire.

En effet, pour passer de p à f et de q à h, il suffit de remplacer

$r-r'$	par	r,
$n-r$	»	s,
r'	»	ϖ,
λ	»	φ,
$g\mu$	»	ψ,

car

$$\lambda^2 + (g\mu)^2 = \lambda^2 + \mu^2 = e_r.$$

85° Toute l'analyse précédente depuis le 79° établit qu'en multipliant une unitaire quelconque $A = p + iq$, devant et derrière, par des réelles et orthogonales convenables, on rend A identique à l'unitaire canonique F des 71° et 72°.

Le théorème du 70° est ainsi démontré.

86° Examinons, comme dans les Chapitres précédents, si la décomposition d'une unitaire donnée A en un produit LFM peut se faire de plusieurs façons.

Je dis que, *pour* A *donnée, la canonique* F *est définie sans ambiguïté.*

On a en effet

$$A = LFM, \qquad A' = M'FL', \qquad AA' = LF^2L';$$

F^2, forme canonique de AA', est définie sans ambiguïté.

Soit

$$F^2 = \sum_k e_1(a_k + b_k i)^2, \qquad a_k^2 + b_k^2 = 1,$$

il viendra

$$F = \sum_k \pm e_1(a_k + b_k i).$$

Si $a_k \neq 0$, on choisira le signe de façon que $\pm a_k$ soit positif (72°). Si $a_k = 0$, on choisira le signe de façon que $\pm b_k = 1$ (72°). Dans tous les cas on déduira, sans ambiguïté, F de F^2.

87° Le couple (L, M) d'orthogonales réelles *associées* n'est pas unique.

Supposons en effet

$$A = L_1FM_1 = L_2FM_2, \qquad F = L_1^{-1}L_2FM_2M_1^{-1}.$$

Alors (77°)

$$L_1^{-1} L_2 = T = \text{réelle orthogonale échangeable à } F;$$
$$L_1^{-1} L_2 M_2 M_1^{-1} = e_n;$$
$$L_2 = L_1 T, \qquad M_2 = T^{-1} M_1.$$

Si (L, M) est un couple de matrices associées, tous les couples sont fournis par la formule $(LT, T^{-1}M)$.

88° On voit que tous ces résultats sont entièrement analogues à ceux des Chapitres précédents.

CHAPITRE VII.

APPLICATIONS DIVERSES.

89° On va faire quelques applications, dans le présent Chapitre, de la formule démontrée aux Chapitres II et III,

$$A = PFQ,$$

où l'on a désigné par :

A une matrice n-aire quelconque ;
F une hypohermitienne canonique, *base* de la matrice A ;
P et Q un *couple* de matrices *associées*, unitaires, en général, et réelles et orthogonales, si l'on s'astreint à rester dans le réel (A, P, Q = réelles).

Pour simplifier et pouvoir appliquer les résultats du 11°, on n'envisagera que des matrices A invertibles. Alors, pour A donné, la base F est définie sans ambiguïté, tandis que, (P, Q) étant un couple de matrices associées, tous les couples sont fournis par la formule $(PT, T^{-1}Q)$, où T est une unitaire (réelle et orthogonale, dans le cas réel) quelconque, échangeable à l'hermitienne F.

90° Mettons (1°) en évidence les coefficients égaux de la canonique F en écrivant

$$F = \sum_\sigma F_\sigma E_\sigma \qquad (\sigma = 1, 2, \ldots, s).$$

$$E_\sigma = n_\sigma\text{-aire unité } \left(\sum_\sigma n_\sigma = n\right);$$

les nombres F_σ, réels et positifs, sont tous distincts. Alors

(3°) $T = \dot{\sum_\sigma} T_\sigma$, $T_\sigma = n_\sigma$-aire unitaire (ou réelle et orthogonale dans le cas réel) quelconque.

Si T est unitaire, l'unitaire T_σ admet une canonisante unitaire n_σ-aire R_σ. La n-aire

$$R = \dot{\sum_\sigma} R_\sigma$$

est : 1° échangeable à F, 2° canonisante pour T.

Si l'on est dans le cas réel, T_σ est réelle et orthogonale et admet une semi-canonisante (25°) R_σ, réelle et orthogonale n_σ-aire. Alors T admet une semi-canonisante $R = \dot{\sum_\sigma} R_\sigma$, n-aire et orthogonale, échangeable à F. Si T est symétrique, la semi-canonisante devient une canonisante.

91° Si $T = \dot{\sum_\sigma} T_\sigma$ est une unitaire symétrique, il existe (lemme du 39°), à côté de chaque n_σ-aire unitaire symétrique T_σ, une n_σ-aire unitaire et symétrique τ_σ, telle que $\tau_\sigma^2 = T_\sigma$. Alors l'unitaire n-aire symétrique $\tau = \dot{\sum_\sigma} \tau_\sigma$ a la double propriété d'être échangeable à F et d'avoir son carré identique à T, $T = \tau^2$.

Tout cela rappelé, passons aux propositions que nous avons en vue d'établir.

92° Théorème. — *Pour que la matrice $A = PFQ$ soit symétrique, il faut et il suffit qu'il existe un couple symétrique* (L, L′) *de matrices associées.*

La condition est évidemment suffisante. Montrons qu'elle est nécessaire. On a

$$A = PFQ = A' = Q'FP',$$

d'où

$$F = P^{-1}Q'FP'Q^{-1},$$

c'est-à-dire

$$P^{-1}Q' = T \quad \text{et} \quad P'Q^{-1} = T^{-1} \quad (11^{o}),$$

$$Q = TP', \qquad Q' = PT, \qquad Q = (PT)' = T'P'.$$

Donc $T = T'$ = symétrique.

τ étant la matrice ainsi désignée au 91°, considérons le couple $(P\tau, \tau^{-1}Q)$. Alors la matrice $T = P^{-1}Q'$ devient

$$(P\tau)^{-1}(\tau^{-1}Q)' = \tau^{-1}P^{-1}Q'\tau^{-1} = \tau^{-1}T\tau^{-1} = e_n,$$

puisque $T = \tau^2$ (91°). Bref il existe un couple (L, M), $L = P\tau$, $M = \tau^{-1}Q$, où $L^{-1}M' = e_n$, $M = L'$.

C. Q. F. D.

93° Théorème. — *Pour que la matrice* $A = PFQ$ *soit réelle, il faut et il suffit qu'il existe un groupe réel* (L, M) *de matrices associées.*

La condition est évidemment suffisante ; montrons qu'elle est nécessaire.

Soit

$$A = PFQ = \overline{A} = \overline{P}F\overline{Q};$$

d'où

$$F = P^{-1}\overline{P}F\overline{Q}Q^{-1} \quad \text{et } (11^{o}) \quad P^{-1}\overline{P} = T, \qquad \overline{Q}Q^{-1} = T^{-1}.$$

Puis $\overline{P} = PT$, $\overline{Q} = T^{-1}Q$. Par unitarité,

$$T' = (P^{-1}\overline{P})' = \overline{P}'P'^{-1} = P^{-1}P'^{-1} = P^{-1}\overline{P} = T.$$

T est symétrique. τ étant la matrice du 91°, considérons le couple (U, V), où $U = P\tau$, $V = \tau^{-1}Q$. On a, puisque $\tau^2 = T$,

$$U^{-1}\overline{U} = \tau^{-1}P^{-1}\overline{P}\tau^{-1} = \tau^{-1}T\tau^{-1} = e_n,$$

$$\overline{V}V^{-1} = \tau\overline{Q}Q^{-1}\tau = \tau T^{-1}\tau = e_n,$$

$$\overline{U} = U, \qquad \overline{V} = V.$$

Le couple (U, V) est réel. C. Q. F. D.

94° Théorème. — *Pour que la matrice A soit, à la fois,*

réelle et symétrique, il faut et il suffit que A possède : 1° une forme canonique réelle; 2° une canonisante réelle et orthogonale.

Les conditions sont évidemment suffisantes ; montrons qu'elles sont nécessaires.

Dans la démonstration, il est licite et indifférent de transformer A par une réelle orthogonale quelconque.

Nommons F la base de A. En vertu de 93°, A possède un couple (U, V), où U et V sont deux orthogonales réelles. $A = UFV$. En vertu de 92°, A possède un couple (UT^{-1}, TV) symétrique,

$$(TV)' = UT^{-1} = V^{-1}T', \qquad VU = T'T.$$

La matrice $T'T$ est symétrique et échangeable à F ; en vertu de la relation

$$T'T = VU, \tag{1}$$

elle est réelle et orthogonale. Elle admet donc une canonisante réelle et orthogonale R et une forme canonique

$$\mathfrak{G} = |x_j \quad g_j x_j|, \qquad g_j^2 = 1,$$

avec $\mathfrak{G} = R^{-1}T'TR$.

Transformons, ce qui est licite, A par la réelle et orthogonale R. R est échangeable à F, parce que (90°)

$$F = \sum_\sigma F_\sigma E_\sigma, \qquad T = \sum_\sigma T_\sigma, \qquad T'T = \sum_\sigma T'_\sigma T_\sigma,$$

$$R = \sum_\sigma R_\sigma, \qquad R_\sigma = n_\sigma\text{-aire réelle et orthogonale.}$$

On aura donc

$$R^{-1}AR = R^{-1}UFVR = R^{-1}UR.R^{-1}FR.R^{-1}VR = (R^{-1}UR)F(R^{-1}VR).$$

Cela revient à remplacer U et V par $R^{-1}UR$ et $R^{-1}VR$; $VU = T'T$ se remplace par $R^{-1}T'TR = \mathfrak{G}$.

Tout cela revient à faire

$$VU = \mathfrak{G}, \qquad V = \mathfrak{G}U^{-1}, \qquad A = UF\mathfrak{G}U^{-1}.$$

A admet la canonisante réelle et orthogonale U et la canonique réelle $F\mathfrak{G} = \mathfrak{G}F$. C. Q. F. D.

95° Soit $A = PFQ$ une matrice réelle et symétrique qui admet pour base (89°) l'hermitienne canonique F et un couple (P, Q) d'unitaires associées. Quelles sujétions, nécessaires et suffisantes, cela entraîne-t-il pour P et Q?

Toute canonique réelle peut se mettre sous la forme $\Phi\mathfrak{G} = \mathfrak{G}\Phi$, où Φ est une hermitienne canonique et $\mathfrak{G}$ la matrice ainsi désignée au 94°.

Le théorème du 94° permet immédiatement d'écrire $A = U\Phi\mathfrak{G}U^{-1}$, où U est une canonisante réelle et orthogonale. Alors

$$A\bar{A}' = A^2 = U(\Phi\mathfrak{G})^2U^{-1} = U\Phi^2\mathfrak{G}^2U^{-1} = U\Phi^2U^{-1}.$$

Donc, en vertu de théories précédentes, Φ est la base de A, $\Phi = F$. Puis

$$A = PFQ = UF\mathfrak{G}U^{-1}, \qquad F = P^{-1}UF\mathfrak{G}U^{-1}Q^{-1},$$
$$P^{-1}U = T, \qquad \mathfrak{G}U^{-1}Q^{-1} = T^{-1},$$
$$P = UT^{-1}, \qquad Q = T\mathfrak{G}U^{-1},$$
$$T = \text{unitaire échangeable à } F.$$

96° Dans le cas particulier où A, réelle et symétrique, est aussi hermitienne, il en est de même pour sa forme canonique $F\mathfrak{G}$. Cela exige

$$\mathfrak{G} = e_n, \qquad A = UFU^{-1} = \text{semblable à } F.$$

Cette éventualité se présente notamment si $A = F^{-1}$. La similitude de F et F^{-1} entraîne les mêmes conséquences qu'au Chapitre IV (34°). Parmi les $n = n_0 + 2\nu$ racines caractéristiques de F, n_0 sont égales à 1; les autres se disposent en ν couples de deux racines inverses l'une de l'autre.

Introduisons la matrice unitaire ω du 37°, dont le carré $\omega^2 = \omega^{-2}$ est réel.

On aura (37°)

$$F^{-1} = \omega^2 F \omega^2.$$

Si donc on a, comme au 95°,

$$F^{-1} = PFQ,$$

il viendra

$$F^{-1} = \omega^2 F \omega^2 = PFQ,$$
$$F = \omega^2 PFQ\omega^2.$$
$$\omega^2 P = T, \qquad Q\omega^2 = T^{-1},$$
$$T = \text{unitaire échangeable à } F;$$
$$P = \omega^2 T, \qquad Q = T^{-1}\omega^2.$$

F^{-1} possède donc le couple (ω^2, ω^2) et l'on peut poser simplement

$$P = Q = \omega^2.$$

En lui-même le théorème du 94° n'est pas nouveau, mais il conduit aux explications des 95° et 96°, dont nous allons profiter pour résoudre quelques problèmes.

97° Comme application, considérons le cas des matrices $A = LFM$ orthogonales, $A' = A^{-1}$. Il viendra

$$A^{-1} = M^{-1}F^{-1}L^{-1} = A' = M'FL',$$
$$F^{-1} = MM'FL'L = PQF = \mathfrak{M}F\mathfrak{L},$$

avec les notations du 32°. On aura donc (96°)

$$\mathfrak{L} = \mathfrak{M} = \omega^2.$$

C'est ce que nous avons déjà vu au 40°; le reste de la discussion se poursuit comme au Chapitre IV.

98° Comme seconde application, envisageons le cas des matrices $\bar{A} = LFM$ telles que $\bar{A} = A^{-1}$. Il viendra

$$\bar{A} = \bar{L}F\bar{M} = M^{-1}F^{-1}L^{-1}, \qquad F^{-1} = M\bar{L}F\bar{M}L.$$

et encore (96°)

$$M\overline{L} = ML'^{-1} = \omega^2 = \overline{M}L = M'^{-1}L,$$
$$M = \omega^2 L'.$$

Finalement

$$A = LP\omega^2 L'.$$

CHAPITRE VIII.

MATRICES A ÉCHANGEABLES À $\overline{A}'$.

99° THÉORÈME. — *Pour que les deux matrices* A *et* $\overline{A}'$ *soient échangeables, il faut et il suffit que* A *possède au moins une canonisante unitaire.*

I. *La condition est nécessaire.* — Écrivons, ce qui est toujours licite, $A = LFM$, où F est l'hypohermitienne base et (L, M) un couple d'unitaires associées. Il viendra

$$A\overline{A}' = LF^2L^{-1} = M^{-1}F^2M = A'A,$$
$$MLF^2 = F^2ML;$$

ML est échangeable à F^2, c'est-à-dire (5°) à F. On écrira $ML = T$. L'unitaire T, échangeable à F, possède (90°) une canonisante $\mathcal{T}$, unitaire et échangeable à F.

Les deux matrices A et $\overline{A}'$ restent échangeables après transformation par l'unitaire $\mathcal{T}$. Tout subsiste dans l'analyse précédente, sauf que T se transforme par $\mathcal{T}$ et devient l'unitaire canonique T_0,

$$T_0 = |x_j \quad x_j e^{i\alpha_j}| \qquad (\alpha_j = \text{arc réel}).$$

Alors

$$ML = T_0. \qquad M = T_0 L^{-1}, \qquad A = LFT_0L^{-1}.$$

A possède la canonisante unitaire L et a FT_0 pour forme canonique. C. Q. F. D.

II. *La condition est suffisante.* — Toute canonique (F_j = réel et non négatif)

$$|x_j \quad x_j F_j e^{i\alpha_j}|.$$

est le produit $FT_0 = T_0F$ de l'hypohermitienne canonique

$$F = |x_j \quad x_j F_j|$$

par l'unitaire canonique

$$T_0 = |x_j \quad x_j e^{i\alpha_j}|.$$

Par hypothèse A possède une canonisante unitaire L et une forme canonique FT_0. Alors

$$A = LFT_0L^{-1}, \qquad \overline{A}' = LT_0^{-1}FL^{-1},$$
$$A\overline{A}' = LT_0^{-1}F^2T_0L^{-1} = LF^2L^{-1} = \overline{A}'A. \qquad \text{C. Q. F. D}$$

Remarquons que la canonisante unitaire L est la même pour A et $\overline{A}'$.

100° Examinons quelles modifications subit le théorème ci-dessus, lorsqu'on s'astreint à rester dans le réel.

Cela revient à étudier les matrices réelles A échangeables à leur transposée A'.

On a $A = UFV$, $F =$ hypohermitienne base canonique, U et V étant réelles et orthogonales,

$$AA' = UFV.V^{-1}FU^{-1} = UF^2U^{-1} = A'A = V^{-1}F^2V,$$
$$VUF^2 = F^2VU.$$

$VU = t =$ réelle et orthogonale échangeable à F. Il existe (90°) une matrice r, réelle et orthogonale échangeable à F et semi-canonisante pour t. Si nous transformons par r les matrices A et A' elles restent échangeables et transposées l'une de l'autre. Il est donc licite de supposer que VU est une semi-canonique t_0. De plus, si

$$F = \dot{\sum_\sigma} F_\sigma E_\sigma \quad (90°), \qquad t_0 = \dot{\sum_\alpha} \mathfrak{c}_\sigma,$$
$$\mathfrak{c}_\sigma = \dot{\sum} \begin{pmatrix} \cos\psi & -\sin\psi \\ \sin\psi & \cos\psi \end{pmatrix} \quad (25°).$$

Alors

$$A = UFt_0U^{-1}.$$

En résumé, *pour qu'une matrice réelle* A *soit échangeable à sa transposée* A', *il faut et il suffit que* A *possède une transformante réelle et canonique qui la mette sous sa forme*

$$\mathcal{A} = \dot{\sum} K \begin{pmatrix} \cos\psi & -\sin\psi \\ \sin\psi & \cos\psi \end{pmatrix}$$

(où K = réel et non négatif), *produit d'une hypohermitienne canonique par une semi-canonique.*

La transformante est la même pour A et A'.

101° Cherchons quelles sont les orthogonales A échangeables à $\bar{A}'$.

On a, avec les notations du Chapitre IV (48°), puisque A est orthogonale,

$$A = U\Omega V, \qquad \Omega = \omega f \omega^{-1} = \Phi + i\Psi = \text{hermitienne};$$

$$\Phi = \begin{pmatrix} \Theta & 0 & 0 \\ 0 & \Theta & 0 \\ 0 & 0 & E_0 \end{pmatrix}\begin{matrix} \nu \\ \nu \\ n_0 \end{matrix}, \qquad \Psi = \begin{pmatrix} 0 & -H & 0 \\ H & 0 & 0 \\ 0 & 0 & 0 \end{pmatrix}\begin{matrix} \nu \\ \nu \\ n_0 \end{matrix};$$
$$\begin{matrix} \nu & \nu & n_0 \end{matrix} \qquad\qquad \begin{matrix} \nu & \nu & n_0 \end{matrix}$$

Θ, H = hermitiennes canoniques ν-aires, avec $\Theta^2 - H^2 = e_\nu$; Ω est une hermitienne; U et V sont deux réelles et orthogonales. Il viendra

$$\bar{A}' = V^{-1}\Omega U^{-1}, \qquad A\bar{A}' = U\Omega^2 U^{-1} = \bar{A}'A = V^{-1}\Omega^2 V,$$
$$VU\Omega^2 = \Omega^2 VU.$$

L'unitaire réelle et orthogonale $W = VU$ est échangeable à l'hermitienne Ω^2, c'est-à-dire (5°) à l'hermitienne Ω, c'est-à-dire encore aux deux matrices Φ et Ψ.

Écrivons

$$W = \begin{pmatrix} w_{11} & w_{12} & w_{13} \\ w_{21} & w_{22} & w_{23} \\ w_{31} & w_{32} & w_{33} \end{pmatrix}\begin{matrix} \nu \\ \nu \\ n_0 \end{matrix}.$$
$$\begin{matrix} \nu & \nu & n_0 \end{matrix}$$

de là

$$W\Phi = \begin{pmatrix} w_{11}\Theta & w_{12}\Theta & w_{13} \\ w_{21}\Theta & w_{22}\Theta & w_{23} \\ w_{31}\Theta & w_{32}\Theta & w_{33} \end{pmatrix} = \Phi W = \begin{pmatrix} \Theta w_{11} & \Theta w_{12} & \Theta w_{13} \\ \Theta w_{21} & \Theta w_{22} & \Theta w_{23} \\ w_{31} & w_{32} & w_{33} \end{pmatrix}.$$

Identifiant on trouve d'abord que chacune des quatre ν-aires w_{11}, w_{12}, w_{21}, w_{22} est échangeable à Θ, et, comme conséquence, à H. Puis il viendra

$$0 = (e_\nu - \Theta)w_{13} = (e_\nu - \Theta)w_{23} = w_{31}(e_\nu - \Theta) = w_{32}(e_\nu - \Theta);$$

$|e_\nu - \Theta| \neq 0$, sans quoi H ne serait plus invertible, puisque $\Theta^2 - H^2 = e_\nu$. Donc

$$0 = w_{13} = w_{23} = w_{31} = w_{32}.$$

On aura pareillement

$$\Psi W = \begin{pmatrix} -Hw_{21} & -Hw_{22} & 0 \\ Hw_{11} & Hw_{12} & 0 \\ 0 & 0 & 0 \end{pmatrix} = W\Psi = \begin{pmatrix} w_{12}H & -w_{11}H & 0 \\ w_{22}H & -w_{21}H & 0 \\ 0 & 0 & 0 \end{pmatrix},$$

c'est-à-dire, puisque H est échangeable à w_{11}, w_{12}, w_{21}, w_{22},

$$w_{11} = w_{22} = w, \qquad w_{12} = -h, \qquad w_{21} = h,$$

$$W = \begin{pmatrix} w & -h & 0 \\ h & w & 0 \\ 0 & 0 & w_{33} \end{pmatrix}.$$

w_{33} est une n_0-aire réelle et orthogonale quelconque. Exprimons que la 2ν-aire réelle

$$\begin{pmatrix} w & -h \\ h & w \end{pmatrix} \qquad (w, h = \text{échangeables à } \Theta \text{ et } H)$$

est orthogonale :

$$e_{2\nu} = \begin{pmatrix} w & -h \\ h & w \end{pmatrix}\begin{pmatrix} w' & h' \\ -h' & w' \end{pmatrix} = \begin{pmatrix} ww' + hh' & wh' - hw' \\ hw' + wh' & ww' + hh' \end{pmatrix},$$

$$e_\nu = ww' + hh', \qquad wh' = hw'.$$

Enfin, W ayant l'expression qui vient d'être dite,

$$A = U\Omega W U^{-1} = UW\Omega U^{-1}.$$

102° Cherchons quelles sont les lorentziennes A échangeables à leur transposée A'.

On a (66°) $A = LFM$ où L et M sont deux lorentziennes banales, tandis que

$$F = \begin{pmatrix} e_{\upsilon-\nu} & 0 & 0 & 0 \\ 0 & \Theta & H & 0 \\ 0 & H & \Theta & 0 \\ 0 & 0 & 0 & e_{\varpi-\nu} \end{pmatrix} \begin{matrix} \upsilon-\nu \\ \nu \\ \nu \\ \varpi-\nu \end{matrix} = e_{\upsilon-\nu} \dot{+} S \dot{+} e_{\varpi-\nu},$$
$$\begin{matrix} \upsilon-\nu & \nu & \nu & \varpi-\nu \end{matrix}$$

S étant la 2ν-aire symétrique $S = \begin{pmatrix} \Theta & H \\ H & \Theta \end{pmatrix}$. On vérifie de suite que S et F sont des hermitiennes réelles. Comme toujours Θ et H sont deux hermitiennes réelles et canoniques ν-aires, avec $\Theta^2 - H^2 = e_\nu$.

Alors

$$A = LFM, \qquad A' = M^{-1}FL^{-1},$$
$$AA' = LF^2L^{-1} = A'A = M^{-1}F^2M, \qquad MLF^2 = F^2ML.$$

La banale $P = ML$ est échangeable à l'hermitienne F^2 et à l'hermitienne F. Écrivons

$$P = \begin{pmatrix} p_{11} & p_{12} & 0 & 0 \\ p_{21} & p_{22} & 0 & 0 \\ 0 & 0 & p_{33} & p_{34} \\ 0 & 0 & p_{43} & p_{44} \end{pmatrix} \begin{matrix} \upsilon-\nu \\ \nu \\ \nu \\ \varpi-\nu \end{matrix}.$$
$$\begin{matrix} \upsilon-\nu & \nu & \nu & \varpi-\nu \end{matrix}$$

Il viendra

$$PF = \begin{pmatrix} p_{11} & p_{12}\Theta & p_{12}H & 0 \\ p_{21} & p_{22}\Theta & p_{22}H & 0 \\ 0 & p_{33}H & p_{33}\Theta & p_{34} \\ 0 & p_{43}H & p_{43}\Theta & p_{44} \end{pmatrix}$$

$$= FP = \begin{pmatrix} p_{11} & p_{12} & 0 & 0 \\ \Theta p_{21} & \Theta p_{22} & H p_{33} & H p_{34} \\ H p_{21} & H p_{22} & \Theta p_{33} & \Theta p_{34} \\ 0 & 0 & p_{43} & p_{44} \end{pmatrix}.$$

Identifions et remarquons que Θ, H, $e_\nu - \Theta$, $e_\nu - H$ sont invertibles. On aura

$$0 = p_{12} = p_{21} = p_{34} = p_{43},$$
$$p_{22}\Theta = \Theta p_{22}, \qquad p_{33}\Theta = \Theta p_{33}, \qquad p_{22}H = Hp_{33}, \qquad p_{33}H = Hp_{22}.$$

p_{22} et p_{33} sont échangeables à Θ et aussi à $H^2 = \Theta^2 - e_\nu$, et aussi à H. Donc $p_{22} = p_{33} = p$. Enfin, p = échangeable à Θ,

$$P = \begin{pmatrix} p_{11} & 0 & 0 & 0 \\ 0 & p & 0 & 0 \\ 0 & 0 & p & 0 \\ 0 & 0 & 0 & p_{44} \end{pmatrix} \quad (p_{11}, p_{44}, p = \text{réelles et orthogonales}),$$
$$ML = P, \qquad M = PL^{-1}, \qquad A = LFPL^{-1} = LPFL^{-1}.$$

Mettons en évidence la matrice $\mathcal{A}$ du 100° ainsi que la transformante correspondante.

La 2ν-aire réelle et orthogonale

$$K = \frac{1}{\sqrt{2}}\begin{pmatrix} e_\nu & e_\nu \\ -e_\nu & e_\nu \end{pmatrix}$$

est une canonisante pour $S = \begin{pmatrix} \Theta & H \\ H & \Theta \end{pmatrix}$, car

$$K^{-1}SK = \begin{pmatrix} \Theta - H & 0 \\ 0 & \Theta + H \end{pmatrix} = \text{hermitienne canonique.}$$

La réelle orthogonale

$$C = e_{\mathfrak{y}-\nu} \dotplus K \dotplus e_{\varpi-\nu}$$

est une canonisante pour F et l'on a

$$C^{-1}FC = e_{\mathfrak{y}-\nu} \dotplus (\Theta - H) \dotplus (\Theta + H) \dotplus e_{\varpi-\nu} = F_0$$
$$= \text{hermitienne canonique};$$
$$C^{-1}PC = P.$$

Ensuite

$$C^{-1}AC = \mathfrak{L}F_0P\mathfrak{L}^{-1}, \qquad \mathfrak{L} = C^{-1}LC.$$

Il existe (90°) une réelle orthogonale D, échangeable à F_0 et semi-canonisante pour P; $P = DP_0D^{-1}$, P_0 = semi-canonique. Alors

$$C^{-1}AC = \mathfrak{C}DF_0P_0D^{-1}\mathfrak{C}^{-1}, \qquad A = LCDF_0P_0(LCD)^{-1}.$$

La matrice $\mathcal{A}$ est $F_0P_0 = P_0F_0$; la transformante est LCD.

103° A la page 58 de son Mémoire *Ueber lineare Substitutionen und bilineare Formen* (*Journ. für r. und ang. Math.*, t. LXXXIV, 1878), M. Frobenius démontre la proposition suivante :

Soient A *et* B *deux orthogonales semblables; il existe toujours au moins une orthogonale* C, *telle que* $B = C^{-1}AC$.

Je dis que le théorème vaut aussi pour les unitaires et les hypohermitiennes et s'énonce alors ainsi :

Soient A *et* B *deux matrices toutes deux hypohermitiennes* (ou toutes deux unitaires), *qui sont semblables. Il existera toujours au moins une unitaire* C, *telle que* $B = C^{-1}AC$.

A cause de la similitude, A et B ont même forme canonique Ω et des canonisantes unitaires P et Q. Il viendra

$$A = P^{-1}\Omega P, \qquad B = Q^{-1}\Omega Q;$$

de là

$$\Omega = PAP^{-1} = QBQ^{-1}, \qquad B = Q^{-1}PAP^{-1}Q.$$

Il suffit de faire $C = P^{-1}Q$. C. Q. F. D.

PARIS. — IMPRIMERIE GAUTHIER-VILLARS ET Cie,
55007 Quai des Grands-Augustins, 55.

Au musée de l'Acropole d'Athènes. — *Études sur la sculpture en Attique avant la ruine de l'Acropole lors de l'invasion de Xerxès*, par Henri Lechat (II, *Fasc. 10*). (Epuisé). . . . 8 fr.

Cultes militaires de Rome. Les Enseignes, par Ch. Renel (II, *Fasc. 12*). . . . . 7 fr. 50

Sophocle. — Étude sur les ressorts dramatiques de son théâtre et la composition de ses tragédies, par F. Allègre (II, *Fasc. 15*). . . . 8 fr.

Daos : tableau de la Comédie grecque pendant la période dite nouvelle (Κωμῳδία Νέα), par Ph.-E. Legrand (II, *Fasc. 22*). . . . . . 15 fr.

La Femme Docteur : Mme Gottsched et son modèle français Bougeant, ou Jansénisme et Piétisme, par A. Vulliod (II, *Fasc. 23*). . . . . 6 fr.

Les Fouilles de Fourvière en 1911, par C. Germain de Montauzan (II, *Fasc. 25*) . . . . 6 fr.

Les Fouilles de Fourvière en 1912, par C. Germain de Montauzan (II, *Fasc. 28*). . . . . 6 fr.

Ernest LEROUX, 28, rue Bonaparte.

Phonétique historique et comparée du sanscrit et du zend, par P. Regnaud (*Fasc. 19*) . . 5 fr.

L'évolution d'un Mythe. Açvins et Dioscures, par Charles Renel (*Fasc. 24*). . . . . . 6 fr.

Études védiques et post védiques, par Paul Regnaud (*Fasc. 38*). . . . . 7 fr. 50

Bhâratîya-Nâtya-Çastram, Traité de Bharata sur le théâtre, texte sanscrit, avec les variantes tirées de quatre manuscrits, une table analytique et des notes par Joanny Grosset (*Fasc. 40*). . 15 fr.

Recherches sur l'Origine de l'idée de Dieu, d'après le Rig-Véda, par A. Guérinot (II, *Fasc. 3*) 7 fr. 50

Dictionnaire étymologique du latin et du grec dans ses rapports avec le latin, d'après la méthode évolutionniste (Linguistique indo-européenne appliquée), par Paul Regnaud (II, *Fasc. 19*) 10 fr.

GAUTHIER-VILLARS, 55, quai Gds-Augustins.

Sur la théorie des équations différentielles du premier ordre et du premier degré, par Léon Autonne (*Fasc. 6*). . . . . 9 fr.

Recherches sur l'équation personnelle dans les observations astronomiques de passages, par F. Gonnessiat (*Fasc. 7*) . . . . . . 5 fr.

Recherches sur quelques dérivés surchlorés du phénol et du benzène, par Etienne Barral (*Fasc. 17*) . . . . 5 fr.

Sur la représentation des courbes gauches algébriques, par L. Autonne (*Fasc. 30*) . . 3 fr.

Sur le résidu électrique des condensateurs, par L. Houllevigue (*Fasc. 32*) . . . . . 3 fr.

Synthèse d'aldéhydes et d'acétones dans la série du naphtalène au moyen du chlorure d'aluminium, par L. Rousset (*Fasc. 30*). . . . . . . 3 fr.

Recherches expérimentales sur quelques actinomètres électro-chimiques, par H. Rigollot (*Fasc. 29*) . . . . 5 fr.

De la constitution des alcaloïdes végétaux, par X. Causse (I, *Fasc. 2*) . . . . 3 fr.

Étude sur les occultations d'amas d'étoiles par la lune, avec un catalogue normal des pléiades, par Joanny Lagrula (I, *Fasc. 5*) . . . . . . 5 fr.

Sur les combinaisons organomagnésiennes mixtes et leur application à des synthèses d'acides, d'alcools et d'hydrocarbures, par Victor Grignard (I, *Fasc. 6*). . . . . 3 fr. 50

Sur la décomposition d'une substitution linéaire réelle, et orthogonale en un produit d'inversions, par Léon Autonne (I, *Fasc. 12*) . . . . 6 fr.

Quelques considérations sur les groupes d'ordre fini et les groupes finis continus, par Le Vavasseur (I, *Fasc. 15*) . . . . 8 fr.

Sur les Formes mixtes, par Léon Autonne (I, *Fasc. 16*). . . . . 8 fr.

Recherches expérimentales sur les contacts liquides, par A.-M. Chanoz (I, *Fasc. 18*). . . . 8 fr.

Quelques démonstrations relatives à la théorie des nombres entiers complexes cubiques. — Propriétés de groupes d'ordre fini, par Raymond Le Vavasseur (I, *Fasc. 21*) . . . . . 3 fr.

Sur les Groupes de matrices linéaires non inversibles, par Léon Autonne (I, *Fasc. 25*). . . . 5 fr.

Sur les Groupes commutatifs et pseudo-nuls de quantités hypercomplexes, par Léon Autonne (I, *Fasc. 31*) . . . . 6 fr.

Observations équatoriales et méridiennes, faites à l'Observatoire de Lyon, par MM. Le Cadet, Lagrula, Guillaume, Merlin et Flajolet (I. *Fasc. 32*) . . . . 10 fr.

Les Céphéides considérées comme étoiles doubles avec une monographie de l'étoile variable δ Céphée, par Michel Luizet (I, *Fasc. 33*) . 5 fr.

Contribution à l'Étude des Dihydrorésorcines; Synthèses d'Acides polybasiques, par Georges Vignon (I, *Fasc. 37*) . . . . 4 fr.

Sur les Matrices hypohermitiennes et sur les Matrices unitaires, par L. Autonne (I, *Fasc. 38*) . 5 fr.

J.-B. BAILLIÈRE et Fils, 19, rue Hautefeuille.

Recherches anatomiques et expérimentales sur la métamorphose des Amphibiens anoures, par E. Bataillon (*Fasc. 2*). . . . . 4 fr.

Anatomie et Physiologie comparées de la Pholade dactyle. Structure, locomotion, tact, olfaction, gustation, action dermatoptique, photogénie, avec une théorie générale des sensations, par le Dr Raphaël Dubois (*Fasc. 3*) . . . . 18 fr.

Sur le pneumogastrique des oiseaux, par E. Couvreur (*Fasc. 4*) . . . . 4 fr.

Recherches sur la valeur morphologique des appendices superstaminaux de la fleur des Aristoloches, par Mlle A. Mayoux (*Fasc. 5*) . 4 fr.

Étude stratigraphique sur le Jurassique inférieur du Jura méridional, par Attale Riche (*Fasc. 10*). 12 fr.

Étude expérimentale sur les propriétés attribuées à la tuberculine de M. Koch, faite au laboratoire de médecine expérimentale et comparée de la Faculté de Médecine, par M. le professeur ARLOING, M. le Dr RODET et M. le Dr COURMONT (Fasc. 11) . . . 10 fr.

Histologie comparée des Ebénacées dans ses rapports avec la morphologie et l'histoire généalogique de cette famille, par PAUL PARMENTIER (Fasc. 12) . . . 4 fr.

Recherches sur la production et la localisation du tanin chez les fruits comestibles fournis par la famille des Pomacées, par Mlle A. MAYOUX (Fasc. 10) . . . 3 fr.

Étude sur le Bilharzia hæmatobium et la Bilharziose, par MM. LORTET et VIALLETON (Fasc. 16) . . . 10 fr.

Monographie de la Faune lacustre de l'Eocène moyen, par Frédéric ROMAN (I. Fasc. 10) . . . 5 fr.

Études sur le Polymorphisme des Champignons, influence du milieu, par Jean BEAUVERIE (I. Fasc. 3) . . . 7 fr. 50

L'Homme quaternaire dans le Bassin du Rhône, Étude géologique et anthropologique, par Ernest CHANTRE (I. Fasc. 4) . . . 6 fr.

La Botanique à Lyon avant la Révolution et l'histoire du Jardin botanique municipal de cette ville, par M. GÉRARD (I. Fasc. 28) . . . 3 fr. 50

Physiologie comparée de la Marmotte, par le Dr Raphaël DUBOIS (Fasc. 25) . . . 15 fr.

Études sur les terrains tertiaires du Dauphiné, de la Savoie, et de la Suisse occidentale, par H. DOUXAMI (Fasc. 27) . . . 6 fr.

Recherches physiologiques sur l'appareil respiratoire des oiseaux, par J.-M. SOUM (Fasc. 28) 3 fr. 50

Résultats scientifiques de la campagne du « Caudan » dans le golfe de Gascogne (août-septembre 1895), par R. KŒHLER (Fasc. 26) 3 vol. . . . 32 fr.

Anatomie pathologique du système lymphatique dans la sphère des néoplasmes malins, par le Dr C. REGAUD, et le Dr F. BARJON (Fasc. 33) 5 fr.

Recherches stratigraphiques et paléontologiques dans le Bas-Languedoc, par Frédéric ROMAN (Fasc. 34) . . . 8 fr.

Étude du champ électrique de l'atmosphère, par Georges LE CADET (Fasc. 35) . . . 6 fr.

Les Formes épitoques et l'Évolution des Cirratuliens par Maurice CAULLERY et Félix MESNIL (Fasc. 39) . . . 7 fr. 50

Étude géologique et paléontologique du Carbonifère inférieur du Mâconnais, par A. VAFFIER (I. Fasc. 7) . . . 8 fr.

Contributions à l'Embryologie des Nématodes, par A. CONTE (I. Fasc. 8) . . . 8 fr.

Contributions à l'étude des larves et des métamorphoses des diptères, par C. VANEY (I. Fasc. 9) 6 fr.

Contribution à l'étude de la classe des Nymphéinées par J.-B.-J. CHIFFLOT (I. Fasc. 10) . . . 7 fr. 50

Monographie géologique et paléontologique des Corbières orientales, par Louis DONCIEUX (I. Fasc. 11) . . . 8 fr.

Contribution à l'étude des composés diazoamidés, par Louis MEUNIER (I. Fasc. 13) . . . 5 fr.

Étude stratigraphique et paléontologique sur la Zone à Lioceras concavum du Mont d'Or lyonnais, par Attale RICHE (I. Fasc. 14) . . . 7 fr. 50

Catalogue descriptif des Fossiles nummulitiques de l'Aude et de l'Hérault. — PREMIÈRE PARTIE : Montagne Noire et Minervois, par Louis DONCIEUX, en collaboration avec MM. J. MIQUEL et J. LAMBERT (I. Fasc. 17) . . . 6 fr.

DEUXIÈME PARTIE (fasc. I) Corbières septentrionales, par Louis DONCIEUX en collaboration avec M. Maurice LERICHE (I. Fasc. 22) . . . 7 fr. 50

DEUXIÈME PARTIE (fasc. II) Corbières septentrionales, par Louis DONCIEUX, en collaboration avec M. J. LAMBERT (I. Fascicule 30) . . . 7 fr. 50

Minéralogie des départements du Rhône et de la Loire, par Ferdinand GONNARD (I. Fascicule 19) 4 fr.

Recherches sur l'anatomie comparée et le développement des Ixodidés, par Amédée BONNET (I. Fasc. 20) . . . 8 fr.

Les Oiseaux des phosphorites du Quercy, par C. GAILLARD (I. Fasc. 23) . . . 6 fr.

Étude des Mammifères miocènes des Sables de l'Orléanais et des Faluns de la Touraine, par le Dr Lucien MAYET (I. Fasc. 24) . . . 10 fr.

Étude sommaire des Mammifères fossiles des faluns de la Touraine proprement dite (Bossée, Le Louroux, Manthelan, La Chapelle Blanche, Sainte-Maure, Paulmy, Ferrière-Larçon, Savigné-sur-Lathan), par le Dr Lucien MAYET, en collaboration avec la comtesse Pierre LECOINTRE (I. Fasc. 26) . . . 3 fr.

Contribution à l'étude de l'Hibernation chez les Invertébrés : recherches expérimentales sur l'hibernation de l'Escargot (Helix pomatia L.), par Marguerite BELLION (I. Fasc. 27) . . . 5 fr.

Contribution à l'étude des Pupipares, par Émile MASSONNAT (I. Fasc. 28) . . . 10 fr.

Contribution à l'étude des Perles fines, de la nacre et des Animaux qui les produisent, par le Dr Raphaël DUBOIS (I. Fasc. 29) . . . 6 fr.

Recherches physiologiques sur la fixation et le mode de nutrition de quelques Nématodes parasites du tube digestif de l'homme et des animaux, par le Dr Charles GARIN, avec 35 figures dans le texte (I. Fasc. 34) . . . 6 fr.

Recherches sur l'acide oxalique dans l'organisme animal, par F. SARVONAT (I. Fasc. 35) . . . 4 fr.

Les Formations marines pliocènes et quaternaires de l'Italie du Sud et de la Sicile, par M. GIGNOUX, avec 42 figures et coupes dans le texte et 21 planches hors texte (I. Fasc. 36) . . . 25 fr.

Lyon. — Imprimerie A. REY, ...

www.ingramcontent.com/pod-product-compliance
Ingram Content Group UK Ltd.
Pitfield, Milton Keynes, MK11 3LW, UK
UKHW021005200726
13857UKWH00004B/1290

9 782013 668880